U0249135

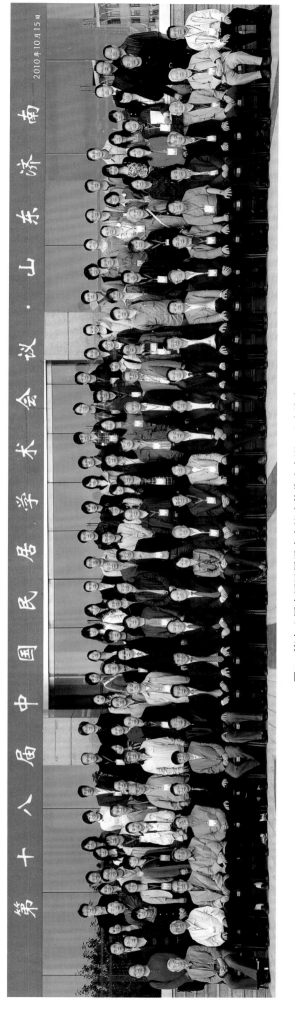

图1 第十八届中国民居学术会议全体代表合影 山东济南 2010，9．

（山东民居会议提供）

图2 第18届中国民居学术会议中国建筑工业出版社沈元勤社长向山东建筑大学领导赠书仪式　2010，9.
（山东民居会议提供）

图3 第18届中国民居学术会议期间举办中国民居建筑图照展览
图为中国建筑工业出版社沈元勤社长（右）、山东建筑大学刘甦副校长（左）、中国民居建筑专业委员会主任委员陆琦（中）在开幕式剪彩
2010，9.
（山东民居会议提供）

图4　第18届中国民居学术会议代表在考察古城街区　2010，9.
（山东民居会议提供）

图5　第18届中国民居学术会议代表在考察古街传统风貌特色　2010，9.
（福州民居会议提供）

图6　第18届中国民居学术会议部分代表合影　2010，9.
（福州民居会议提供）

图7　第18届中国民居学术会议代表在
考察历史文化街区　2010，9.
（南京民居会议提供）

图8　第18届中国民居学术会议赴鲁
东地区考察　2010，9.
（南京民居会议提供）

图9　第18届中国民居学术会议考察
途中休息　2010，9.
（南宁民居会议提供）

图10 第9届海峡两岸传统民居理论学术会议全体代表合影 福建福州 2011.11.
(南京民居会议提供)

图11 第9届海峡两岸传统民居理论学术会议大会开幕式 2011，11.
（南京民居会议提供）

图12 第9届海峡两岸传统民居理论学术会议——李先逵代表中国民族建筑研究会讲话 2011，11.

第十九届中国民居学术会议 2012.10 广西南宁

图13 第19届中国民居学术会议全体代表合影 广西南宁 2012, 10.

图14 第19届中国民居学术会议开幕式 广西南宁
2012，9.

图15 第19届中国民居学术会议开幕式上，民居会前
主任委员陆元鼎为第二批《中国民居建筑大师》黄汉
民颁发证书 2012，9.

图16 第19届中国民居学术会议学术报告会场进行
论文报告 2012，9.

图17 第19届中国民居学术会议代表在考察民居

图18 中国建筑研究室成立60周年纪念暨第10届传统民居理论国际研讨会于南京举行，图为大会全体代表合影 2013，11.

图19　第10届传统民居理论国际学术
研讨会会场　2013，11.

图20　第10届传统民居理论国际学术
研讨会会场全貌　2013，11.

图21　第10届传统民居理论国际学术
研讨会分组报告会会场　2013，11.

图22 第10届传统民居理论国际学术研讨会期间，部分老年资深委员合影 2013，11.

图23 在江苏江阴市召开的传统建筑园林会议上部分代表留影 2009，9.

图24 第三届中国民居学术会议期间部分代表考察漓江合影 1991，10.22.

图25 第19届南宁民居会议后，部分代表去桂北考察，在兴安县灵渠石碑前合影

中国民居建筑年鉴

（2010—2013）

陆元鼎　主　编

陆　琦　谭刚毅　副主编

中国建筑工业出版社

图书在版编目（CIP）数据

中国民居建筑年鉴（2010—2013）/陆元鼎主编. —北京：中国
建筑工业出版社，2014.7

ISBN 978-7-112-16889-7

Ⅰ.①中… Ⅱ.①陆… Ⅲ.①民居－中国－2010~2013－年鉴
Ⅳ.①TU241.5-54

中国版本图书馆CIP数据核字（2014）第103332号

责任编辑：李东禧 唐 旭 张 华
责任设计：李志立
责任校对：张 颖 党 蕾

中国民居建筑年鉴
（2010—2013）

陆元鼎 主编
陆 琦 谭刚毅 副主编
＊
中国建筑工业出版社出版、发行（北京西郊百万庄）
各地新华书店、建筑书店经销
北京嘉泰利德公司制版
北京画中画印刷有限公司印刷
＊
开本：880×1230毫米 1/16 印张：$10\frac{1}{2}$ 插页：6 字数：400千字
2014年6月第一版 2014年6月第一次印刷
定价：68.00元（含光盘）
ISBN 978-7-112-16889-7
　　　（25641）

《中国民居建筑年鉴（2010—2013）》编委会

主编单位： 中国文物学会传统建筑园林委员会传统民居学术委员会
中国建筑学会建筑史学分会民居专业学术委员会
中国民族建筑研究会民居建筑专业委员会

本期编辑委员会成员： （以姓氏笔画为序）

王 军　王 路　朱光亚　朱良文

刘 甦　关瑞明　孙大章　李先逵

李晓峰　李乾朗（台湾）　杨大禹

张玉坤　陈震东　陆 琦　陆元鼎

单德启　唐孝祥　黄 浩　雷 翔

谭刚毅　戴志坚

主　编： 陆元鼎
副主编： 陆 琦　谭刚毅

前　言

　　《中国民居建筑年鉴（2010—2013）》第三辑在广大会员、专业和学术委员、学者的支持下于2014年出版了，这次出版原计划两年一期，现在变成三年多出版一期，拖延了时间，我们向广大读者、会员、委员致以诚挚的歉意。

　　2010年以来，我国发生了巨大的变化，中国共产党第十八届全国代表大会和党的十八届三中全会的召开，极大地鼓舞了全国人民，包含我们科技教育工作者。要实现我国改革开放、奔向小康，实现社会主义理想的中国梦。我们民居建筑工作者，也要为实现城乡人民的安居和村镇建设改造，为创造有中国社会主义的民族和地方特色的新时代建筑做出努力和贡献。

　　为了表彰我国长期从事民居建筑研究并作出巨大贡献的专家，中国民族建筑研究会和民居建筑专业委员会决定授予他们"中国民居建筑大师"荣誉称号，这对我国当前经济建设重要时期、弘扬我国民族建筑文化、保持和促进文化建设和村镇发展具有重要和现实意义。

　　民居建筑专业委员会为此拟定了"中国民居建筑大师"荣誉称号授予条例，并拟定了具体实施办法，每两年一次，现已举办了两次，第一次于2010年举行，共评选了6位；第二次于2012年举行，共评选了3位，并在大会上宣布并颁发了证书。今后将继续举办，它对我们后继者具有很大的鼓舞和鞭策力量，推动我们不断努力、不断创造、不断前进。

　　我们这期还刊登了四位民居建筑研究老一辈的领导、专家逝世的消息，他们是汪之力、罗哲文、杜仙洲、王翠兰。有关他们的事迹在后文中介绍，我们以深厚感情缅怀他们对民居建筑事业作出的贡献，他们对民居建筑事业的热爱，为我们作出了榜样，他们的精神鼓舞着我们前进。

　　我们希望广大会员、委员、民居建筑研究及其爱好者多关心本年鉴，支持它、爱护它，并希望多提意见，使年鉴办得更好、更充实、更完善。

目　录

CONTENTS

民居研究论文选载（2010—2013）

1.1 民居建筑学科的形成与今后发展

陆元鼎①

摘要：论文根据专业、学科建立的要求，从民居建筑研究的价值意义、重要性、独特性说明民居建筑已经具备了学科建立的条件。民居建筑还从研究方向和范围的不断扩大和深化，研究队伍的壮大、学术交流的广泛、研究成果、论著出版、实践成效和得到社会的认同等方面，说明了民居建筑学科已经形成和成熟。论文建议有条件的高等建筑院校研究生专业中增设民居建筑学科方向，并建议补充一批研究生专题和教材建设。

关键词：民居建筑　学科　社区村镇　文化传承　持续发展

一、专业和学科

专业，在《辞源》上解释是指"业务经营范围"，是"高等学校、中等专业学校根据社会专业分工需要所分成的学业门类"，又说"中国的高校和中专学校根据国家建设需要和学校性质设置各种专业。各专业都有独立的教学计划，以体现本专业的培养目标和规格"。

学科，在《辞源》中解释："一种是学术的分类，指一定科学领域或一门科学的分支，如自然科学中的物理学、生物学、社会科学部门中的史学、教育学。二是教学的科目，如中小学的政治、语文、数学、体育等。"

根据上述注释，专业就是一个大学科，范围广，它下面还可以分为更专门性的学科。以建筑学专业为例，它是大学科，它下面还有建筑设计、建筑历史、建筑技术、建筑设备等学科。现代科学发展很快，这些学科研究范围已经扩大成了大学科，称为专业。它们下面还可以再分为子学科或课程，如建筑历史与理论专业下面就有中国古代建筑史、中国近代建筑史、中国现代建筑史、建筑遗产保护与维修、中国营造法、中国古建筑年代鉴定等课程，这些课程可大可小，有的在教学和研究中只

---

① 陆元鼎，华南理工大学建筑学院教授、博士生导师，民居建筑研究所所长；中国文物学会传统建筑园林委员会传统民居学术委员会主任委员；中国建筑学会建筑史学分会民居专业学术委员会主任委员。

是一门课程，因研究范围和资料的关系，它还达不到学科形成的条件。但是，有的课程条件成熟就可以独立研究成为一个学科。

二、民居建筑学科建立的条件

学科的建立需要有三个条件：其一，本学科研究的价值和意义，包含历史价值、文化价值、现实价值，即对国民经济、对国计民生的影响和意义；其二，本学科研究的重要性、必要性；其三，本学科研究的独特性，也就是只有本学科独特研究才能解决本学科存在的问题，而其他学科是不能也无法替代的。当然，它还需要相应地建立一套学科本身研究的范围、观念和方法。

（一）民居建筑研究的价值

1. 历史和文化价值

民居建筑研究的目的是对广大城镇农村的聚落、里巷以及民间民居建筑进行研究，扼要地说，也就是研究广大老百姓的住居建筑。这些住居建筑数量庞大，分布宽广，在全国各地区、各民族，甚至峻岭山区僻远之地都有。它是我国建筑史上的数量最大、分布最广的建筑载体，这些建筑之所以能长期生存并保持下来，是我们祖先经过长期的劳动创造的成果，它蕴藏着先民无限的智慧和文化创意。可是在史籍上，只有帝王达贵所建的宫殿、坛庙、陵寝、寺庙、苑囿建筑才有记载，而平民百姓的房屋却绝无片纸只字刊录。老百姓的传统民间民居建筑也是我国多民族建筑历史与文化遗产的重要组成内容，过去被遗忘，今天亟须大力恢复和补上，这就是民居建筑研究的重要任务，也是民居建筑研究的历史价值和文化价值。

2. 现实意义和价值

过去在自然科学学科中，有研究建筑的专业人员，但极少有人去研究农村建筑和农民住房。现在党和政府非常重视农业、农民、农村，几年内颁布了一系列重视和提高"三农"政策的文件，我们的研究只是在贯彻中央文件精神下对弘扬和传承建筑优秀文化、改善农村居住生活条件，提高农村物质文化水平、改善生态环境做一些工作。民居建筑研究的重点工作之一是在农村，能为国民经济建设服务，为老百姓服务，有现实意义，也发挥了自身的研究价值。

3. 创作价值

中外历史上，标志性典型性的建筑物都曾代表了一个国家、一个民族或一个时期的象征，因为它反映了一个国家、一个民族或一个时期的时代和形象特征。在世界中能体现出一个国家、一个民族和一个时期的载体，最具体、能公开显示的形象最大的也只有建筑。建筑能显示国家的、民族的、时代的特征，有时也会反映地域的特征，这是其他载体所难以做到的。

我们要创造有民族特色（包含地域、地方特色）、时代特征的新建筑，除表现时代的特征外，其他特征资源（材料）的搜集只有到民间去。民间民居建筑中有广泛的民族与地域特征资源，它蕴藏在基层，蕴藏在民间。民居建筑研究中很多资源、材料正是创造我国有民族特色和地域特色新时代建筑中所需要的，它可以提供参考、借鉴，只要经过去芜存菁，摸索提炼，根据现代需要，对新建筑创作是很有启发和利用价值的。

（二）民居建筑研究的重要性和必要性

民居建筑研究从建筑本身来说，它有建筑使用、建筑技术、建筑艺术的研究，从居住来说，它涉及生活、气候环境、民族、民俗、习俗，是人类生存持续发展的大事。因此，在研究观念和方法上，除建筑学观念外，还需要与历史、文化、社会、家族伦理、哲学、美学、易学、堪舆学，甚至与气候学、地理学、防护学、防灾学等一起结合起来研究，这就是民居建筑研究的重要性、必要性。

同时，民居建筑是人类最原始和最早产生的建筑类型，是人类其他建筑类型产生的原始母体。其他建筑类型有产生、发展、演变、消失的过程，只有居住类型不会改变。其中居住行为、居住方式（平面）、居住形态（外表）、居住模式可以有所变化，但居住建筑这个类型，只要是有人类生存，就必然要研究和发展，因而民居建筑这个课题的研究是永恒的，不会也不可能消亡。

（三）民居建筑研究的独特性，是其他学科研究所不能代替者

由于民居建筑研究的范围、研究重点和对象不同，导致它的研究观念和研究方法不同，它涉及自然科学学科，又涉及社会人文学科，这种跨学科观念和方法的研究，在建筑学专业属下门类研究中是比较特殊的、独特的。同时，民居建筑研究不仅要研究人类居住的起源、演变，还要研究人类居住行为、形态和居住方式，而且要研究在节能、节地、节材、防污、低碳下的新居住模式，是一种独特的学科研究，因而，他也是其他学科研究所不能代替的。

三、民居建筑学科的形成和成熟

（一）民居建筑学科的形成，有四个条件

1. 要有明显和独特的研究价值
其中，包含历史、文化价值、新时代建筑的创作价值，也是其他学科研究中所无法替代的研究价值，在前面已有详细说明。

2. 有明确的研究方向和范围
综合上述，本学科研究方向是城乡村镇民居建筑和环境，研究范围是民居、聚落的历史演变、保护、改造和持续发展，以及新民居、新建筑的创新。这种研究方向和范围是在几十年研究和实践过程所摸索探求得来的，其目标是贯彻以人为本的宗旨，要为广大城乡老百姓改善居住条件和居住水平作出努力。

3. 有自身独特的研究观念和方法
民居研究经历了几十年摸索实践，从单一的建筑学观念到多学科的综合研究，从自然学科到与社会人文学科的结合，两者取长补短，现在已成为广大民居建筑研究者认为比较符合本学科研究的观念和方法。

4. 要有一定的队伍和学术团体组织的建立
民居建筑研究队伍壮大，有组织的学术团体已经建立，先后有中国文物学会传统建筑园林委员会

传统民居学术委员会（前身为中国传统建筑园林研究会民居研究部）、中国建筑学会建筑史学分会民居建筑学术委员会以及中国民族建筑研究会民居建筑专业委员会。这些民间学术团体，长期以来组织会议，出版论著，坚持以学术研究、学术交流培养年轻一代为宗旨，贯彻以经济节约办会为原则，对学生研究生减半收费，并对70岁以上民居资深研究长者鼓励参加学术会议活动，给予减费优惠。

以上做法充分说明了民居建筑研究学科已经基本形成。

（二）民居建筑学科研究不断成熟

民居建筑学科研究的成熟，包含五个方面的标志。

1. 研究范围不断深化

在学科研究范围内，从单体的民居建筑研究扩大到宅居、祠堂、会馆、书斋、书塾、庭园、桥梁、牌楼、水亭、水台等；在群体建筑方面，包含城乡、村镇、聚落、堡寨，只要是属于老百姓的用房，都在研究范围之内。

在研究观念和方法上，如上所说，是属于多学科结合的做法，在实际中已反映出较好的成效。

此外，学科研究与国民经济结合，研究成果为国家建设服务，也标志着学科研究的成熟和深化。

2. 研究队伍不断壮大

现在民居研究队伍已遍及全国各地，包含高等院校、科研部门、设计单位、文化文物部门。研究人员中有教授、专家、研究生，有专职的、业余的，甚至还有领导干部，包括在职的和退休的。他们都是自发的、不计报酬的，并孜孜不倦地热爱和从事民居建筑的研究和写作，如广东省云浮市现任副市长潘安博士，他在工作之余，写了不少民居论文，也写了《广州商都往事》等专著，目前正在从事编写客家民居专著。

最难能可贵的是前建筑工程部建筑科学研究院原院长、党委书记汪之力老先生，离休之后还带领年轻人深入农村进行民居调查，他热爱民居园林古建筑专业，写了很多论著，如1994年，当时汪老先生已是80岁高龄但仍然主编了《中国传统民居建筑》大型书籍，并亲自执笔为著作写专文，该书已由山东科学技术出版社正式出版。

目前，已有不少高校研究生把村镇民居和建筑作为论文研究方向和专题，并写出了为数超百的研究论文。

3. 民居建筑研究论著丰硕

据不完全的统计，新中国成立以来（到2010年4月为止），在全国正式出版的著作达1582册，在全国期刊正式发表的中文民居论文达5139篇。①

近十年来，民居建筑研究成果比较突出的是几本大型著作和丛书的出版，如2003年11月出版的《中国民居建筑（三卷本）》，陆元鼎、杨谷生主编（华南理工大学出版社）；2004年8月出版的《中国民居研究》，孙大章著（中国建筑工业出版社）；2007年10月出版的《诗意楼居——中国传统民居的文化解读（三卷本）》，赵新良编著（中国建筑工业出版社）；2009年12月出版的《中国民居

---

① 根据《中国民居建筑年鉴（1988—2008）》和《中国民居建筑年鉴（2008—2010）》两书资料统计。

建筑丛书（18卷本）》，陆元鼎总主编，各分册主编（中国建筑工业出版社）。这些大型民居建筑论著比较全面地反映了我国传统民居建筑与文化研究几十年来的研究成果。

此外，2008年和2010年出版的《中国民居建筑年鉴》第一、二辑两书，不但记录了民居建筑研究发展的历程，搜集整理了新中国成立前后学术界发表的中国民居建筑研究的论著目录索引，而且还用光盘刻录了最近20年来召开历届民居学术会议所有论文的全文。这些宝贵的资料既反映了民居建筑研究丰硕成果又为今后民居建筑的持续深入研究提供了大量的基础资料。

4. 努力宣传和交流学术成果增强学术友谊

民居建筑研究在学术团体组成后，开始有计划地组织会议进行学术交流。自1988年起，到2010年底为止，20多年来和有关单位一起联合主持和召开了全国性中国民居学术会议共18届，海峡两岸传统民居理论（青年）学术会议共9届，并多次举办小型专题学术研讨会。据统计，从2001年以来每次民居学术会议与会人数都在百人以上，如2007年在西安召开的第15届中国民居学术会议代表195人[①]，2008年在广州召开的第16届中国民居学术会议代表达242人[②]，而且每次会议都有老一辈的资深民居专家参加，有中青年民居研究骨干参加，还有众多的青年研究学者、学校的硕士、博士研究生。此外，还有中国台湾、中国香港、中国澳门的学者以及国外民居建筑专家参加，如美国、澳大利亚、日本、韩国、瑞典等，通过会议，不但进行了学术交流，而且增加了学术友谊。

5. 理论结合实践，学科研究为国民经济建设服务

通过实践取得成效，民居建筑研究得到社会的认同和重视，也使得我们民居建筑研究人员更坚定了自己的研究方向和为城乡村镇老百姓住居服务的信心和决心。同时，弘扬祖国优秀建筑文化也促进了人们一些观念和思想的变化，例如要重视农村建筑与环境，此外，节能、节地、节材、防污、低碳开始在人们头脑中有了概念。建筑物要有民族特色和本土风貌的思想也开始有了反响。这些都说明了学科研究能够结合实际，为国家建设和为人民群众服务做实事，也说明了民居建筑研究是一个实在的学科。

以上从五个方面的成效，充分说明了民居建筑研究的不断成熟。

四、民居建筑学科的今后发展

民居建筑作为一个学科发展，除民居建筑学术团体作为研究方向和课题外，建议有条件的高等建筑院校研究生专业中可明确增设民居建筑学科方向。

民居建筑作为学科方向，其研究可以分为三方面具体发展：

一是研究中国传统民居与聚落的演变和发展，探索新民居、新住宅的设计。也就是，既要研究民居聚落发展历史，又要探索在新时期结合我国国情的新居住模式。我们既要求传承传统民居聚落的和睦、友爱、安定的居住模式，又要求真实保护个人私密性的要求。现代单元式居住模式，邻里之间不相往来，是否合适，值得研究，这是民居建筑学科研究的重大课题。

二是研究我国传统村镇民居建筑和文化的保护、改造、探索和新社区、新农村的建设发展。

① 编委会. 中国民居建筑年鉴（1988—2008）. 北京：中国建筑工业出版社，2008，69.
② 编委会. 中国民居建筑年鉴（2008—2010）. 北京：中国建筑工业出版社，2010，79.

　　三是总结我国传统城乡村镇民居民间建筑及其文化的特征，优秀的实践经验、技艺手法，特别是节地、节能、节材、防污、低碳等措施，在今天创造我国各地有民族特色、地方特色的新建筑以及创造持续发展、高效低碳的新建筑是有现实价值和深刻意义的。

　　当然，民居建筑作为学科研究来说，还须补充必要的基本知识、技能和理论，如社会学、历史学、人文学、伦理学、民俗学、民族学、哲学、美学、中国文物保护法和有关文件、低碳法规、条例，以及测绘调查等知识和技能。此外，还要根据所选的研究专题另外补充一些基本知识和理论。

　　为了加强民居建筑研究的学科建设，需要补充一些研究生课题和教材建设，建议专题如下：

中国民居发展简史

中国民族或民系民居建筑研究

中国民居建筑艺术

中国民居营建技术

传统村镇民居、民间建筑与实践的设计思想和方法

传统村镇、民居的保护、改造与发展

中国民居、民间建筑与文化的传承与发展

民居建筑研究的观念和方法论

传统聚落村镇研究、保护、改造的观念、方法和实践经验

传统民居、民间建筑的节地、节能、节材、防污、低碳经验

其他……

　　总之，研究人类居住的起源、形成、演变、各地各时期居住模式的演变和今后持续发展，研究建筑如何满足人类的居住、生活、安全、舒适，同时又要实用、经济、坚固、低消耗、节能、节地、节约大地资源。高科技的发展，人们思想的不断进步，民居建筑研究也在持续发展，民居建筑学术研究永无止境。

1.2 中国建筑研究室住宅研究初探

赵 越①

摘要： 1953年4月由华东建筑设计公司与南京工学院合办的中国建筑研究室，是新中国成立后国内最先设立的专门从事中国建筑研究的学术机构。出于为新时期建筑创作提供中国建筑参考资料的目的，研究室选择了"住宅"作为其首要研究对象。这一选择有着重要意义，一方面对建筑史学科的发展产生了重大影响，另一方面也透露了当时的社会意识形态背景。但由于机构存在时间较短（1953—1964年），公开出版资料较少，机构档案因隶属关系调整及历史原因分置南京、上海、北京三地，学界对中国建筑研究室的研究图景始终模糊不清，对于其住宅研究的目的和意义也缺乏探讨。笔者通过大量的文献研究，试图还原其住宅研究的范围，并且结合社会及时代背景对于其目的提出自己的看法，或许可以通过观察住宅研究最初的愿景和受到的限制帮助我们思考如今民居研究的边界所在。

关键词： 中国建筑研究室　住宅研究

　　1953年，随着"国民经济恢复时期"落下帷幕，高校院系调整与大量国营建筑设计单位的建立，以及中国建筑学会的成立，建筑界随着国家制度一起逐渐形成新的秩序。在向苏联学习的风潮下，"社会主义内容，民族主义形式"成为当时建筑界热烈讨论的话题。建筑创作和建筑历史研究都进入了一个新时期。在这个转折点，华东建筑设计公司与南京工学院于该年4月合作成立中国建筑研究室，由刘敦桢先生担任室主任。这是新中国成立后国内最先设立的专门从事中国建筑研究的学术机构，其成立及学术选择都有重要意义。一方面在学科内部面临后营造学社时期的研究对象与方法的问题，另一方面也面临着意识形态的挑战，在此情况下研究室选择了以住宅为首要研究对象。

　　但由于机构存在时间较短（1953—1964年），公开出版资料较少，机构档案因隶属关系调整及历史原因分置南京、上海、北京三地，学界对中国建筑研究室的研究图景始终模糊不清，对于其住

---

① 赵越，1989.2.26，女，东南大学建筑学院硕士研究生。

宅研究的起因和目的也缺乏探讨，从而无法反思如今民居研究的起源。笔者通过大量的文献研究，试图还原其住宅研究的范围，并且结合社会及时代背景对于其目的提出自己的看法，或许可以通过观察住宅研究最初的愿景和受到的限制帮助我们思考民居研究的边界所在。

一、中国建筑研究室的住宅研究范围

（一）地域范围

从华东建筑设计研究院所藏的一份疑为刘敦桢先生所写的"中国建筑研究室一九五三年的工作计划书（一九五三年五月—十二月）"[①]中，我们可以注意到有关调查的部分："调查工作在可能范围内，力求普遍，但为适应目前需要，以住宅为中心，并从江苏、浙江、安徽等省开始，逐步推及全国。"这是机构成立后的第一份计划书，代表了最理想的预期，即从住宅开始对中国建筑进行全面性调查。

事实上，真正的调查工作却远没有计划书乐观。由于当时研究室主要工作人员均由华东建筑设计公司派遣，多为绘图员，未曾接受系统的建筑学教育，进入研究室后才开始逐渐培养建筑史知识，历史、绘图、写作等研究所必需的能力都急需锻炼。所以，早期的调查虽按照计划就近开始，但主要目的为培养人才，正式成果较少。到1958年研究室转为与建筑工程部建筑技术研究院合办为止，主要调查包括南京住宅、江宁县农村住宅调查[②]、徽州住宅等。

但是刘先生并未放弃全面调查的想法，并且根据陆续获得的资料开始写作《中国住宅概说》。在1957年出版的前言中他写道："严格的说，在全国住宅尚未普查以前，不可能写概说一类的书的。可是事实不允许如此谨慎，只能姑用此名，将来再陆续使其充实。"研究室1955年到1957年的调查主要是为此书服务的，同时形成了几篇专题报告，如1957年4月发表于南工学报的《福建永定客家住宅》和在1958年的全国建筑历史讨论会上提交的《徽州明代住宅》、《浙江东部村镇及住宅》及《河南窑洞式住宅》。研究室所获得的新资料也明显地反映在《中国住宅概说》中，特别是作为特殊类型的"环形住宅"以及"窑洞式穴居"。至此书出版时，研究室的调查范围已基本囊括中国东部及南部地区。

1958年6月中国建筑研究室并入建工部建筑理论与历史研究室之后（简称为南京分室），其主要的工作转向了园林研究与中国古代建筑史的写作。而北京方面（之后简称为建研院历史室）由于研究人员较多，研究工作分为古建组、民居组、园林组、装饰组等。其民居组从1960年开始直至1964年撤销，延续了之前的研究，着重做了浙江民居及福建民居两个专题，所以，看上去研究室的住宅研究在范围上并未继续扩展。然而，从1957年春开始建工部带领各大高校及主要研究机构所作的分区域调查[③]，却可以视为该研究的延伸及全面性调查的开始。

所以，中国建筑研究室的住宅研究首先以建立一个完整档案为目标，从地域上包括整个国土范围，

---

① 南京工学院华东建筑设计公司合办中国建筑研究室一九五三年的工作计划书（一九五三年五月——十二月），华东建筑设计公司中国建筑研究室出版图集卷（政4）。

② 这一批调查报告藏于中国建筑设计研究院建筑历史研究所，根据稿纸样式及其中内容笔者推测为该时期所写。

③ "一九五七年春，建筑工程部建筑科学院带领大家调查全国旧住宅，我们是以华东为重点，苏州是其中的重要地区之一。"陈从周.苏州旧住宅[M].北京：生活·读书·新知三联书店，2003，7.

然后对其进行批判性的分析，加以利用。

（二）时间范围

除了地域上的广阔性，研究室的住宅研究计划在时间上所包含的范围也相当扩展，上至原始时期，下至当下。虽然《中国住宅概说》一书中明确提出："鸦片战争后由欧美诸国输入的住宅建筑不在本文范围以内"①，但并不意味着整个研究室的研究都以此为界。从研究室1954年计划出版的《中国建筑史类篇》②目录可以看出，近代建筑也在其中，另外当时新建的集合住宅也在资料收集的范围内。只是限于研究人员有限，对于近现代住宅的研究并未展开。

（三）小结

从中国建筑研究室成立之初的计划中可以看出其理想的研究范围十分广阔，没有先预设"中国建筑"的形式特征来挑选对象，也没有完全限定在传统的范围内，而是给自己留下了一定的空间来思考这一命题，即"中国建筑"是什么？住宅研究便是思考过程的重要一步，对此，笔者将深入探讨其作用与目的。

二、中国建筑研究室住宅研究的目的

（一）"中国建筑"的再定义

刘敦桢先生在与华东建筑设计公司的信件以及中国建筑研究室对外的宣传③中多次提到中国建筑研究室是"为了表现新民主主义文化的内容与特征，必须配合实际需要，发展一种新的民族形式"而成立的。虽然是当时的社会现实，但事实上以此为目的的探索早在民国时期便开始了，一方面通过建筑史家对中国建筑的特征定义，另一方面通过早期建筑师的设计作品，用语言和实体共同完成对此概念的塑造。

从林徽因1932年发表的《论中国建筑之几个特征》④到梁思成1954年发表的《中国建筑的特征》⑤，从墨菲设计的大量的"新古典主义建筑"到张博设计的友谊宾馆，事实上到中国建筑研究室成立之时的"中国建筑"已是一个统一的概念，同时也有一系列相应的设计手法。个体建筑的三段式、群体布局多左右均齐对称、框架结构、反曲的屋顶等，具有这些特征的新建筑也被公认为"民族形式"的代表。至此，伴随着这个既有概念已形成了一套成熟而统一的理论及相应的操作手法。

那么为什么还需要发展一种新的民族形式呢？或者说建筑界真的需要新的民族形式吗？

---

① "第二部分就现有资料中选择若干例子，说明明中叶至清末，就是十五世纪末期到本世纪初期的住宅类型及其各种特征，不过鸦片战争后由欧美诸国输入的住宅建筑不在本文范围内。"刘敦桢.中国住宅概说[M].北京：中国建筑工业出版社，1957./天津：百花文艺出版社，2004，1.
② 《中国建筑史类篇图版目录》，华东建筑设计公司中国建筑研究室出版图集卷（政4）。
③ 华东建筑设计公司中国建筑研究室出版图集卷（政4）。
④ 林徽因.论中国建筑之几个特征[J].营造学社汇刊（第一卷）.2006（1）.
⑤ 梁思成.中国建筑的特征[J].建筑学报，1954（1）.

　　当时建筑界对于民族形式的追求是确定的，无论是出于个人的民族主义，还是出于市场需求。以华东建筑设计公司为例，他们一方面学习民国时期的"新古典主义建筑"，一方面与刘先生合作以期获得更多的一手资料。或者通过与一流学者成立研究机构这一行为本身使自己成为行业的先锋 ①。但从建筑创作来说，1953—1954 年正是梁思成的理论风行之时。"新的民族形式"直到 1955 年之后才真的成了核心问题，与此相关的是长达一年的"反形式主义复古主义"运动。在苏联"反浪费运动"的影响下，梁思成理论指导下的新建筑（又称为大屋顶建筑）由于经济性与实用性不足，被作为首要目标彻底否定，对这类建筑及梁思成思想的批评贯穿了整个 1955 年的建筑学报。其中包括刘敦桢先生的《批判梁思成先生的唯心主义建筑思想》②，该文在建筑创作方面对梁思成强调建筑的艺术性、思想性和民族性分别进行了批判。他认为建筑造型是在经济与技术的条件下发展起来的，今天与过去已经完全不同，如果机械地照搬传统式样，必使形式与内容无法调和。更直接地批判了梁思成在《中国的建筑特征》中所列举的九项特征，认为梁先生忽视了中国建筑的多样性，忽视了各地区建筑中如何处理不同的气候材料与各种生活需要而产生的式样结构和施工方面的各种优点。对于应该如何对待传统建筑，他说道："因此，我们对传统建筑固然不能盲目抄袭，但也不能认为全部都是糟粕，应当经过严格的批判慎重选择，使其适合今天的需要和施工机械化的各种具体条件。当然这不是一件简单的事情，但只要向着正确方向，由调查研究与试做推广，有计划有步骤地进行，我相信定能产生一种适合今后需要的民族形式……"这篇文章由于强烈的意识形态色彩通常不被纳为材料，但是其中体现的刘先生对于传统建筑的态度以及民族形式的认识与刘先生的其他文章却是一脉相承的。

　　中国建筑研究室的研究正符合这一观点，即通过调查研究批判地学习传统建筑的优点，对传统建筑多样性和现实实用性的强调是最重要的判断标准。刘敦桢先生在 1957 年出版的《中国住宅概说》前言中说道："大约从对日抗战起，在西南诸省看见许多住宅的平面布置很灵活自由，外观和内部装修也没有固定格局，感觉以往只注意宫殿陵寝庙宇而忘却广大人民的住宅建筑是一件错误的事情。"③"灵活自由"是直观的且与以往"中国建筑"概念所不同的地方，因而使住宅成了极佳的研究切入点，用以反思以往的概念。同时也符合抗日战争后建设的实际需求。

　　而其一开始的住宅选题更明显地透露了其目的，主要包括福建永定客家住宅、河南窑洞式住宅、浙江东部村镇及住宅三项④。浙东村镇住宅的重点在于村镇规划，或许与当时工作重点的建设有关。而福建土楼及河南窑洞是住宅以至于所有中国建筑中的特殊类型，材料、构造、布局等方面都与以往主要研究的木构建筑完全不同。且由于土楼集合住宅的属性以及窑洞的经济性，十分契合当时住宅设计的两个关键问题，所以具有较强的参考价值。

---

① 云南、厦门、无锡建筑工程局都曾向中国建筑研究室求购中国建筑史参考图。见华东建筑设计公司中国建筑研究室出版图集卷（政4）相关文件。
② 刘敦桢.批判梁思成先生的唯心主义建筑思想 [J].建筑学报，1955（1）.
③ 刘敦桢.中国住宅概说 [M].中国建筑工业出版社，1957./（再版）百花文艺出版社，2004，1.
④ 刘先生在《中国建筑研究室 1953–1957 年工作总结》中提到："……五年来，民居园林方面只有福建永定客家住宅、河南窑洞、浙东村镇住宅、中国住宅概说、苏州园林五项，调查的古建筑有浙江余姚保国寺大殿、福州华林寺正殿、苏州虎丘塔、各地经幢、徽州明代住宅、徽州祠堂等六项；再加上北方彩画、南方彩画、佛寺和佛像专题研究，在选题数量上成为1与2的比例，形成了轻重倒置的现象。"。资料来自于温玉清.20世纪中国建筑史学研究的历史观念与方法——中国建筑史学史初探 [D].天津大学建筑学院，2006，6.

通过住宅研究，中国建筑研究室试图质疑梁思成所建立的统一的"中国建筑"概念（其命名似乎也有此暗示），并希望通过全面性调查来展示中国建筑的多样性，对"中国建筑"重新定义。

（二）新意识形态的表达

如前所述，1955年批判"复古主义形式主义"（简单来说，即仿宫殿式样的大屋顶建筑）之后，国家对于体现新意识形态的民族形式的追求更加迫切，在此情况下更亟须对"中国建筑"的再定义，无论是作为对外新中国的展示或是作为对内向民众宣扬的工具，都需要一个与过往政权划清界限的概念。这使得住宅脱颖而出。住宅，更准确地说是"民居"（甚至不包括大型住宅），是此时最适合的研究对象。1955年，中国建筑研究室奉命结束与华东建筑公司的合作关系，转为与建工部建筑技术研究院合办，成为"国有单位"或许也与此相关。事实上我们对这一时期的研究无法撇开意识形态的影响，因为几乎所有的材料都经过了有意识的编排。例如，1954年中国建筑研究室准备出版《中国建筑图集》，向华东行政委员会建筑工程局请示后得到了这样的回答："关于你公司计划出版中国建筑图集等书籍事，我局认为这是一个新的有关反映中国劳动人民勤劳勇敢的意识形态的宣传与创造问题，应当审慎从事，并须报请中央建筑工程部批准后出版。"

他们意识到了历史研究可以作为国家意识形态的表达工具，同时意图推进其对现实社会的影响。通过具有历史合法性的新建筑增强人民的信仰。所以，中国建筑研究室透过国家利用全国的研究力量进行了更广泛的调查，寻求对建筑多样化的新理解；与此矛盾的是其反过来也被这一无形的重任限制，因为此刻一个新的单一范式正被迫切盼望着。这一点在1958年6月中国建筑研究室并入建工部建筑理论与历史研究室之后更明显地体现出来。同年10月该机构便召开全国建筑历史讨论会，主要讨论1957年春以来建工部带领各大高校及主要研究机构分区域调查的民居研究报告，以期"得出正确的观点和方法"[①]。这次活动和会议成功地使民居研究成了当时史学研究的主流。

（三）小结

建筑史家个人的学术追求与国家意识形态结合，各自利用对方实现自己的目的。但是一个追求对中国建筑多样性的理解，一个渴望新的象征符号的出现，所以研究室直到结束也并未像梁思成一样对中国建筑的特征给出一个确定的答案。缺乏这种可见的评价标准也同样无法产生相应的建筑设计。所以，直到其1964年撤销，虽然有上海鲁迅纪念馆这样的参考民居的作品[②]，但从1959年的十大设计中也可看出，此时对于民居的研究仍然主要停留在建筑史界。

三、结语

由于中国建筑研究室只存在了短短十年，这十年又受到各种影响，其学术理想没有来得及完全实现。但是从各种蛛丝马迹中我们可以看出其背后宏大的目标，即对中国建筑的再定义，这同样是

[①] 东南大学建筑学院图书馆藏《全国建筑历史讨论会论文集1》。
[②] 上海鲁迅纪念馆，1956年由时任上海市规划建筑管理局总建筑师汪定曾设计。另由原华东建筑设计公司建筑师陈植设计鲁迅墓。

对早期营造学社的研究批判性的延续、反思与探索。陈薇先生在《中国营造学社汇刊的学术轨迹与图景》①中注意到营造学社汇刊的最后两卷已经开始趋向民间，并且开始思考之后的建设。而中国建筑研究室为我们研究刘敦桢先生个人的建筑观提供了部分线索，笔者对此将继续研究。

另外，研究室对于中国建筑的再定义是否就此失败告终，或者在更长的时段有其回响？如今人们对中国建筑是否有了新的理解，形成了新的设计理论，还值得探讨。

参考文献

[1] 档案资料，包括华东建筑设计公司中国建筑研究室出版图集卷（政4）及中国建筑设计研究院建筑历史研究所档案室所藏文件.

[2] 陈从周.苏州旧住宅 [M].上海：生活·读书·新知三联书店，2003，7.

[3] 刘敦桢.中国住宅概说 [M].北京：中国建筑工业出版社，1957./百花文艺出版社，2004年1月再版.

[4] 赖德林.文化观遭遇社会观：梁刘史学分歧与20世纪中期中国两种建筑观的冲突 [J].中国建筑60年（1949–2009）.

[5] 温玉清.20世纪中国建筑史学研究的历史观念与方法——中国建筑史学史初探 [D].天津大学建筑学院，2006，6.

[6] 林徽因.论中国建筑之几个特征 [J]//《营造学社汇刊》第一卷一期，北京：知识产权出版社，2006.

[7] 梁思成.中国建筑的特征 [J]//建筑学报，1954（1）.

[8] 刘敦桢.批判梁思成先生的唯心主义建筑思想 [J]//建筑学报，1955（1）.

[9] 东南大学建筑学院图书馆藏《全国建筑历史讨论会论文集1》.

[10] 陈薇.中国营造学社汇刊的学术轨迹与图景 [J]//建筑学报，2010（1）.

---

① 陈薇.中国营造学社汇刊的学术轨迹与图景 [J].建筑学报，2010（1）.

1.3　从以官式建筑为蓝本到以传统民居为源泉
——中国立基传统文化建筑潮流的历史转向

刘　甦[①]　邓庆坦[②]　赵鹏飞[③]　高宜生[④]

摘要： 传统建筑文化的现代继承与本土文化的表达，是贯穿 20 世纪中国建筑历史的一种建筑思潮，进入 20 世纪 90 年代，"地域性"和"地域主义"取代"民族性"与"民族形式"，成为研讨中国当代建筑文化的一个关键词，这一话语模式的转变并非仅仅是学术名词的更换，而是中国建筑界对历次传统建筑文化复兴运动批判与反思的产物。本文拟梳理 20 世纪以将中国立基传统文化建筑潮流的演变脉络，从理论建构和设计实践两个方面探讨中国当代地域性建筑的历史轨迹。

关键词： 宏伟叙事　小叙事　地域性　批判的地域主义

中国是亚洲文明的发源地之一，多样化的自然地理条件、丰厚的历史文化积淀，孕育了多姿多彩的传统聚落与民居形态，构成了传统建筑文化遗产的重要组成部分。如果说自 20 世纪初叶以来，面对外来建筑文化的冲击，对传统建筑文化的追寻、探索与拓展始终是中国建筑师建筑实践和理论研究的重要方向，那么从以北方官式建筑为蓝本到以传统民居为设计源泉的历史转向，则是改革开放以来当代中国建筑潮流的重要动向。20 世纪 50 年代，在以模仿北方官式建筑为主流模式的"社会主义内容、民族形式"浪潮中，出现了从民间传统建筑中汲取灵感、更具草根性的地域性建筑潮流。改革开放以来，中国建筑师突破了以北方官式建筑为蓝本的"民族形式"命题的局限，进入了以传统民居为设计源泉的广阔的地域性、乡土性领域。近年来，随着全球化一体化进程带来的文化趋同化日趋严重、生态危机带来的可持续发展问题日益受到广泛关注，地域性、乡土性的发掘作为保持文化多样性、实现自然与人文环境可持续发展的有效途径，成为建筑理论与创作实践的热点。

[①]　山东建筑大学副校长，教授。
[②]　山东建筑大学建筑城规学院，副教授。
[③]　山东建筑大学建筑城规学院，讲师。
[④]　山东建筑大学建筑城规学院，讲师。

一、宏伟叙事型建筑文化的诞生、高潮与延续

宏伟叙事（Grand Narrative）与小叙事（Little Narrative）是一对后现代史学理论的术语，前者强调总体性、普遍性，并常常与意识形态和抽象概念联系在一起；而小叙事与宏伟叙事相对立，强调细节、差异性、多元性，并与个人叙事、生活叙事、草根叙事具有相同的内涵。

图1 南京中山陵，1925~1929年，建筑师：吕彦直

1927年，"南京国民政府"成立，国民政府大力倡导"中国固有形式"，拉开了20世纪中国宏伟叙事型建筑文化的序幕。在这场官方主导的传统建筑文化复兴运动中，"中国固有形式"承载了宏大的政治使命与文化抱负：既要为树立新生政权的正统性和权威性服务，更是国家危亡之际振兴民族精神的文化利器，因为按照民族主义的文化逻辑，传统建筑文化兴衰与国家民族兴衰息息相关，"由建筑作风之趋向，每每可知其国势之兴替、文化之昌落……是以建筑事业，极为重要，不特直接关系个人幸福，亦且间接关系民族盛衰。"① 而与这种宏伟叙事相对应的则是学院派古典主义的宏大构图与北方官式大屋顶的辉煌富丽相结合形成的"宫殿式"建筑，这一模式在20世纪20~30年代官方主导的公共建筑中，成为显赫一时的官式建筑风格。

图2 北京，毛主席纪念堂，1976~1977年

新中国成立后，采取了向苏联"一边倒"的外交政策，苏联"社会主义内容、民族形式"的政治性建筑创作口号全面移植，除了新政权诞生、抗美援朝胜利所激发的民族自豪感，20世纪50~60年代在"社会主义内容、民族形式"主导下的传统文化复兴运动，更多的是政治意识形态的产物，正如梁思成在《祖国的建筑》一文中所揭示："我们的建筑也要走苏联和其他民主国家的路，那就是走'民族的形式，社会主义的内容'的路，而扬弃那些世界主义的光秃秃的玻璃盒子。"总之，从"中国固有形式"到"社会主义内容、民族形式"，在构建国家—民族—政治符号象征的宏伟叙事型建筑文化中，抽象的学院派古典主义与超地域的北方官式大屋顶相结合的"宫殿式"建筑剧目在全国范围内一再上演，在这里，具体的、文脉的地域性传统是缺席的。

图3 北京西客站，1993~1996年

20世纪80年代改革开放以来，在去意识形态化、商业化的新语境下，这种宏伟叙事型建筑文化依然顽强地延续下来，从饱受诟病的北京西客站（1995年）到好评如潮的2010年上海世博会中国馆，我们依然可以清晰地看到一种走向现代化的民族主义雄心和民族复兴的热望，其巨构式的门式构图一再流露出一个新兴大国在迈入21世纪的欲望和雄心（图1~图4）。

图4 上海世博会中国馆，2007~2010年

---

① 张至刚. 吾人对于建筑业应有之认识. 中国建筑, 1933, 10（1）: 4.

二、新中国成立后：宏伟叙事中的小叙事——地域性建筑初探

在 20 世纪 50~60 年代的传统建筑文化复兴浪潮中，出现了一股清新自然的潜流——离开"宫殿式"大屋顶、从传统民居中寻求灵感的地域性探索，也成为官方"民族形式"创作理论受挫后的自发倾向。这些建筑朴实无华，完全没有大屋顶建筑的宏伟气派，其中天津大学第九教学楼（1954 年），墙面运用天津特有的浅棕色过火砖，具有独特的肌理，屋顶采用普通水泥板瓦，十字脊歇山屋顶富有装饰性。20 世纪 50 年代，著名华侨领袖陈嘉庚投资建设了厦门大学（1950~1954 年）和集美学校（20 世纪 50 年代末建成），在他的参与设计下，把域外文化与地域文化熔为一炉，形成了具有浓郁侨乡文化特色的"嘉庚风格"，其典型特征是采用闽南民居建筑的燕尾脊、歇山顶、重檐歇山顶与西洋古典主义的立面相结合，被称为"穿西装、戴斗笠"，庄重宏大而不奢华，体现了侨乡文化不拘一格、开放洒脱的性格。在 20 世纪 50 年代表现少数民族"民族式"建筑实践中，还出现了运用少数民族民居形式的探索，如内蒙古鄂尔多斯市的成吉思汗陵（1955 年）采用了蒙古包的形象。

图 5　厦门，厦门大学建南大会堂，1954 年

图 6　北京，外贸部办公楼，配楼，1952~1954 年，建筑师：徐中

传统民居作为与官式建筑相对立的"小传统"，无论是因地制宜的聚落布局还是朴素率真的单体形式，与高度典章制度化的官式建筑相比，传统民居无疑具有更多的现代性因素，因此在现代建筑兴起的历史进程中，地域民居的乡土传统一度成为建筑探新运动先驱者们批判学院派古典主义的武器，如在英国的工艺美术运动（Arts and Crafts Movement）中，菲利普·韦伯（Philip Webb）为莫里斯（William Morris）设计的"红屋"（Red House，1860 年），以其自由灵活的布局、真实自然的材料表达，一扫折中主义学院派的虚假与做作。值得注意的是，这一现代性现象也出现在 20 世纪 50~60 年代的中国地域性建筑实践中，例如北京外贸部大楼（1954 年），运用了民间小式卷棚顶，建筑朴素亲切。上海鲁迅纪念馆（1956 年）与公园环境紧密结合，采用绍兴的地域民居风格，建筑简洁朴实、明朗雅致。湖南韶山毛主席旧居陈列馆（1964 年），采用当地民居的建筑形式，内廊式庭院及水面，建筑富于地域色彩。20 世纪 70 年代以芦笛岩

图 7　上海，鲁迅纪念馆，1956 年，建筑师：陈植等

图 8　桂林，芦笛岩接待室，1970 年代，建筑师：尚廓

接待室为代表的广西桂林景园建筑，采用钢筋混凝土结构，突破了传统园林亭榭手法，运用简化的南方民居细部，建筑空间通透流动、体形清新活泼，与漓江山水相得益彰，形成了鲜明的时代感与地方特色（图 5~ 图 8）。

三、改革开放新时期：宏伟叙事衰退与地域性建筑兴起

20 世纪 70 年代末，中国迎来了改革开放的新时期。随着"极左"思潮的退潮，建筑创作摆脱了意识形态的羁绊，立基传统文化的建筑潮流发生了历史性转变：从对"宫殿式"大屋顶所代表的北方官式建筑的模仿，转向向民居学习的地域性、乡土性的多元化探索轨道。

（一）宏伟叙事的衰退：对"民族形式"的反思与质疑

这场转变首先是从对"民族形式"理论的反思与质疑开始的。在改革开放初期的思想解放运动中，作为对前一个时期"社会主义内容、民族形式"政治口号的强烈反弹，出现了对长期主宰建筑界的"民族形式"理论与建筑创作方向质疑的声音。1980 年，陈世民提出，"民族形式"提法值得商榷，他揭示了"民族形式"的内涵，"就是一种把古典宫殿式建筑形式作为'中国建筑'体系的代表，并希望在新建筑中得到广泛继承的主张。因此，把'民族形式'当成口号就值得商榷了。"[1] 1981 年，《建筑学报》刊登了徐尚志的文章《建筑风格来自民间》，文中提出了"建筑风格来自民间"的观点，他指出，"本来任何一种艺术风格，追本溯源都是从人民中间发生和发展起来的。"[2] 同年，成城、何干新的文章《民居——创作的源泉》，号召向民居学习，文章指出，"民居，由于它天生的多样性和丰富的艺术手法，可以提供给我们许多创作的灵感和启示。"[3]

总之，改革开放新时期，"民族形式"理论由于其学术内涵上的巨大缺陷，再加上其强烈的政治色彩，已经无力指导多元化的当代建筑实践，以传统民居为源泉的地域性建筑理论呼之欲出。

（二）宏伟叙事的衰退：从"大传统"到"小传统"

改革开放打开国门，多元化的世界建筑文化开始展现在中国建筑师面前，中国的当代地域性建筑实践与理论建构就是在这种国内、国际的双重语境下展开的。在后现代主义理论的语境下，对以往占据统治地位的宏伟叙事、"大传统"的批判，对长期受到忽视的小叙事、"小传统"的关注，为地域性建筑理论提供了重要的理论支撑。

20 世纪后半叶，随着西方社会从工业社会向后工业社会的转变，西方当代文化也经历了重大裂变，与此相对应，作为后工业社会的产物，整个西方世界文化领域呈现出后现代主义倾向。后现代主义哲学强调事物变化的多样性、差异性、零散性、特殊性和多元性，法国当代著名哲学家利奥塔（Jean Francois Lyotard）在《后现代状况：关于知识的报告》（1979 年）一书中，将后现代主义界定为对宏伟叙事的怀疑和否定。总之，在后现代知识状态下，人们不再相信那些伟大的历史性主题，正如利奥塔所指出，在普遍适用的宏伟叙事失去效用后，具有有限性的"小叙事"将会繁荣，并赋予人类新的意义价值。与宏伟叙事、小叙事的概念相对应，美国人类学家雷德菲尔德（Robert Redfield，1897~1958 年）提出了大传统（Great Tradition）和小传统（Little Tradition）这一对概念，大传统是指社会上层、精英或主流文化传统，而小传统则是指存在于乡民中的文化传统，即那些民间的、自发的乡土建筑传统。在《文化帝国主义》一书中，汤林森（John Tomlinsen）引用"发明出来的传统"的概念，对民族国家以一种"正

---

① 陈世民 . "民族形式"与建筑风格 . 建筑学报 .1980，3：34.
② 徐尚志 . 建筑风格来自民间 . 建筑学报 .1981，1：49~50.
③ 转引自郝曙光 . 当代中国建筑思潮研究 . 北京：中国建筑工业出版社，2006：66~67.

统而权威"的文化幻觉来加强其自身的认同进行了批判。大传统和小传统概念的提出，是对以往过于强调官方传统（大传统），而忽视民间乡土文化的批判。这一系列后现代主义理论，也成为中国建筑学者对既往"民族形式"建筑理论与实践进行批判的武器，正如建筑学者单军所指出，"作为建筑界老生常谈的'民族形式'，就是这一类被发明出来的'大传统'。建筑地域性研究的主要任务之一，就是用多样化的地域性代替单一的'民族性'。"[①] 1990 年，吴良镛先生提出了"广义建筑学"理论，在《广义建筑学》一书中，他引述《没有建筑师的建筑》的观点指出，"乡土建筑的特色是建立在地区的气候、技术、文化及与此相关联的象征意义的基础上，许多世纪以来，不仅一直存在而且日渐成熟。这些建筑中反映了由居民参与的环境综合的创造，本应成为建筑设计理论研究的基本对象。"[②] 1998 年，吴良镛先生提出"乡土建筑的现代化，现代建筑的地区化"的主张，这些思想被写进 1999 年的《北京宪章》，不仅成为世界性的建筑文化宣言，也成为中国主流建筑文化导向转变的明确信号。

（三）地域性何以可能：从批判的地域主义到广义的地域主义

从"民族形式"到地域形式设计理念的转变，并不能解决传统的继承这个长期困扰中国建筑界的核心问题。20 世纪末，作为改革开放以来建筑民族化与现代化争论的延续，对于地域性是否是建筑的基本属性、是否是建筑文化的发展方向，中国建筑界形成了较大的争论，甚至出现了否定建筑地域性的观点，如杨国权在"论建筑的地域性"一文中提出，"建筑的地域性不仅在高层建筑上遇到了窘境，而且在现代性较强的公共建筑、通用性较广的建筑上也难以施展，出现了总体上明显的淡出过程。"[③] 郭明卓在"如何理解'地方特色'"一文中指出，"地域性……只是个别建筑设计面临这一主题时所要考虑的问题。今天，不可能也不应该作为我国建筑设计的主导思想来加以强调。"[④] 这些质疑的声音说明，地域性传统能否实现现代转化以及如何实现地域性传统的现代转化，成为地域性建筑理论建构的关键性问题。

地域性传统的现代转化即现代技术、现代功能和审美观念如何与地域特色结合问题，是地域性与现代性之间关系的关键性问题，围绕这一问题中国建筑界进行了建设性的讨论，并取得理论成果。凌世德提出了"开放的地域建筑"，认为"正视时代与地域的存在，以开放的精神去分析、研究地域传统精神，是我们重要的研究内容……我们创造地域的新建筑，不能拒绝先进的现代技术，更不能把现代技术与地域特色对立起来，而是要寻找一种途径，使现代技术有利于地域建筑的创造"，"在新功能、新技术、新载体的情况下，摆脱与此相悖的旧载体形式的羁绊，解放创作思想，又可以在深层领域取得与民族、地域传统精神的关联，开创高层次的地域新建筑。"[⑤] 张彤的"整体地域建筑理论"提出，"以冷静、理智的态度重新关注建筑与所在地区的地域性关联，提出一种整体开放的新地域主义建筑观，提倡建筑在与全球文明最新成果相结合的同时，自觉寻求与地域的自然环境、文化传统的特殊性及技术和艺术上的地方智慧的内在结合。"[⑥] 1998 年，曾坚提出了"广义地域主义建筑"的概念，认为"所谓广义的地域主义建筑，是指利用现代材料与技术手段，融汇当代建筑创作原则，针对某种气候条件

---

① 单军.批判的地区主义批判及其他.建筑学报，2000，11：22~25.
② 吴良镛.广义建筑学.北京：清华大学出版社，1999.
③ 杨国权.论建筑的地域性.建筑学报，2004，1：66.
④ 郭明卓.如何理解"地方特色".建筑学报，2004，1：70.
⑤ 凌世德.走向开放的地域建筑.建筑学报，2002：52.
⑥ 张彤.整体地域建筑理论框架概述.华中建筑，1999，3：20.

而设计，带有某些地域文化特色的建筑。由于这种建筑能够在一些相类似的地区使用与推广，相比传统的地域性建筑有更大的适应性，因而我们称之为广义的地域性建筑"[1]，2003 年，在概括既有的"批判地域主义"、"当代乡土"等地域主义的理论的基础上，曾坚提出了"广义地域性建筑"的理论[2]，并概括出"再现与抽象"、"对比与融合"、"隐喻与象征"、"生态与数字化"等创新手法。

四、当代地域性建筑实践

中国幅员辽阔、地域自然人文条件差异巨大，作为与程式化的"大传统"相比，传统民居建筑作为民间乡土的"小传统"的主要物质与空间载体，无疑具有更为丰富多样的地域文化内涵。改革开放新时期以来，地域性建筑实践已经不再是传统复兴潮流中个别建筑师独辟蹊径的探索，俨然成为立基传统文化建筑潮流中的主导性趋势，到 20 世纪 90 年代，在江苏、浙江、福建、广东、陕西、甘肃、新疆等省区已经形成了各具特色的地域性实践潮流和地域性建筑师群体。

地域主义作为一个国际性建筑潮流与趋向，也对中国的当代地域性建筑实践与理论建构产生了重要的影响。贝聿铭设计的北京香山饭店（1982 年）把现代主义的纯粹性、江南民居的形式与私家园林的空间关系结合起来，率先打破了西方古典主义与皇家大屋顶相"嫁接"的传统复兴模式，开辟了现代与地域传统结合的新途径。埃及建筑师哈桑·法赛（Hassan Fathy，1900~1989 年），对传统土坯建筑进行了卓越的探索。法赛在农村住宅建设中努力推广这种技术，并亲手教会村民运用土坯建造自己的住房；日本建筑师安藤忠雄运用简约的形式语言，融入了自然的风、光、水，体现了日本传统文化的气质；墨西哥建筑师路易斯·巴拉干从墨西哥土著村庄民居中吸收营养，覆盖着高亮度、魔幻般鲜艳色彩的几何形体组成，并与水景结合成一体；印度建筑师从地域气候条件出发，从传统民居中吸收生态智慧等……这些多元化的现代地域主义建筑实践不断给中国当代建筑师带来新的启示。

改革开放以来，中国建筑界结束了长期与国际建筑潮流相隔绝的局面，建筑类型学、现象学、场所理论、建构理论、生态建筑学等国外建筑思潮流派不断涌入，不仅为民居学术研究提供了新的理论方法，也为建筑师摆脱形式本位、发掘传统民居的深层内涵提供了新的视角。中国当代地域性建筑实践，立足于时代精神和传统的发展与创新，在下列领域超越了形式层面的具象模仿：通过传统形式的重构，实现建筑形式的陌生化出新；从聚落空间肌理与民居建筑内外空间形态中寻求灵感，着力于传统空间意蕴和场所精神的抽象表达；着眼于乡土材料与营造技术的发掘与更新，体现了一种传统与时代相融合的建构精神；致力于从传统民居中吸取生态智慧等，寻找具有地域特征的绿色生态建筑之路。这些多元化探索也暗合了国际建筑界批判的地域主义思潮的要义。

（一）传统形式重构：在建筑形式的陌生化出新

从字面意义理解，"重构"就是重新组织构成，打破传统形式的组织结构，取其片段局部灵活运用。北京丰泽园饭庄（图 9），体量上采用阶梯式的后现代主义构图，细部上采用北方民居的小式做法，如花格窗扇、菱形图案，创造出一种亲切热情的传统家居气氛。福建省图书馆（图 10），建

---

① 曾坚，袁逸倩.全球化环境中亚洲建筑的观念变革.新建筑，1998，4：3.
② 曾坚，杨崴.多元拓展与乒融共生——"广义地域性建筑"的创新手法探析.建筑学报，2003，6：10.

图9 北京，丰泽园饭店，1994，建筑师：崔恺　　图10 福州，福建省图书馆，1989~1995年，建筑师：黄汉民

筑立面的女儿墙汲取了福建民居屋顶正脊生起的手法，形成了丰富的建筑天际轮廓线。在低层基座部分饰以花岗石面，间以红砖横缝，继承了闽南传统建筑"出砖入石"的装饰效果。这些语汇虽然出自福建地方传统建筑，但是以现代艺术手法加以变形和重构，赋予图书馆以鲜明的地域特色和时代感。

（二）空间与意境的追求

随着对传统建筑文化理解的深化，越来越多的建筑师从形式层面的符号操作转向对地域传统深层内涵的发掘，寻求传统空间序列与肌理、传统空间韵味与意境、传统哲学与时空观等方面的抽象表达。深圳万科第五园（图11、图12）的规划和设计借鉴广州传统竹筒屋住宅的单体与聚落空间特征，建筑单体采用小开间、大进深，通过内部中庭、天井形成通风采光的半开敞空间，体现了传统住宅对外封闭、对内开敞的特征。在空间组织上延续人们熟悉的传统空间肌理、丰富了当代聚居的内涵。中国美术学院（图13、图14）位于杭州西湖东畔，校园规划力求与周围环境共存互融。总体布局借鉴南方民居的内天井、窄巷和骑楼的空间特征，形成疏密有致、开阔曲折、对比多变的布局形态。

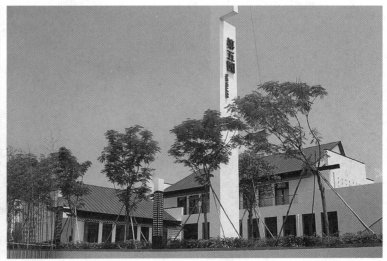

图11 深圳，万科第五园住宅内景　　图12 深圳，万科第五园内景

图 13　杭州，中国美术学院，2003 年，建筑师：李承德　　　图 14　杭州，中国美术学院庭院内景

（三）传统建筑材料和工艺的理解与再创造

　　建筑是形而下的建造的艺术，它不是图纸上的线条，也不是卡纸板的模型，而是巧妙地运用建筑结构、建筑材料和施工工艺的具体营造过程。材料是地域性表达必不可少的手段，当代地域主义注重对传统建筑材料和工艺的理解与再创造。山东荣成斗北山庄（图 15）汲取当地民居的精华，用海草做新建筑的屋顶，乱石垒墙、朴实温馨，建筑就如从环境中生长的蘑菇，与自然极度和谐。材料的质感完全展露，唤起人对自然及海洋的联想。上海松江方塔园（图 16）探索了石、土、竹、钢等结构体系及其美学特征，建筑师以一种现代的理念、现代的技术，融合东方深层的意境创造了全新的现代空间。茶室何陋轩采用松江地区特有的四坡顶、弯屋脊形式，别出心裁地以竹子为支架、茅草覆盖顶部。

（四）传统生态智慧的继承与发扬

　　世界各地的传统民居建筑，在其长期历史演化中形成了与地域自然环境（地理、气候、资源等）相适应的合理内涵，从传统聚落布局到民居的建筑形式、空间类型乃至细部构造，都是人们长期以来

图 15　荣成，北斗山庄，1990~1991 年，建筑师：戴复东　　图 16　上海松江区，方塔园，1980~1981 年，建筑师：
　　　　　　　　　　　　　　　　　　　　　　　　　　　　　　　　　冯纪中

适应和改善自然环境的产物，蕴含了丰富的生态智慧。各地方民居为适应当地自然条件，采用了许多简单有效的构造技术，解决保温、隔热、通风、采光等问题，如何将这些民间的构造方法与当代的新技术相结合，成为新时期地域性生态建筑的重要方向。以吐鲁番宾馆（图17）为代表的一批当代新疆的地域性建筑，摆脱了程式化的形式符号，为适应炎热干燥的气候、阻隔风沙，采取了维吾尔建筑"阿依旺"式内向封闭空间，借鉴其利用天窗通气采光的做法，成功地把地域民居的空间组织、造型特色与现代功能、形式融合在一起。西北地区的窑洞民居为我们提供了利用浅层地下空间的宝贵经验，延安枣园村（图18）是新型窑洞的研究成果在实践中的成功运用。全村分为四个生活大组团，组团内部设有配套服务设施，并包括数个基本生活单元，基本生活单元由8户左右家庭，形成一个密切的邻里环境。根据地形高差，分设宅院的出入口，合理安排不同私密性的空间。单体窑洞和宅院源自当地传统窑洞利用地形地势、节约用地的居住形态，并适当添建旁窑和楼窑，使宅院开敞明亮、阳光充足，消除了以往窑洞占地大、封闭、阴暗的缺点。单体设计采用了多项上述研究成果，取得了很好的效果。

图17 新疆吐鲁番，吐鲁番宾馆新楼，1992~1993年，建筑师：刘谞　　　　　图18 延安窑洞建筑，建筑师：任震英

五、结语

中国地域辽阔，各地区的气候、地理、人文环境差异很大，造就了多姿多彩的地域与乡土建筑，也为当代建筑创作提供了丰富的源泉。进入20世纪90年代，"地域性"和"地域主义"已经取代"民族性"与"民族形式"，成为研讨中国当代建筑文化的一个关键词，这一话语模式的转变并非仅仅是学术名词的更换，而是中国建筑界对历次传统建筑文化复兴批判与反思的产物，与国际建筑界批判的地域主义产生的语境十分相似：无论是20世纪上半叶的"中国固有形式"还是新中国成立后的"社会主义内容、民族形式"，在产生根源上都与政治和官方意识形态相纠缠，在设计手法上则侧重对传统官式大屋顶及其形式特征的具象模仿。因此，中国当代地域性建筑的创造必须超越历史上的传统复兴，做到地域性与现代性相结合、传统的继承与时代的发展相结合，才能创造出具有地域特征的现代建筑文化和现代性的地域建筑学，才能真正推动中国地域建筑文化的进步与繁荣。

1.4 敦煌壁画与客家围屋

孙儒僴① 孙毅华

（国家古代壁画保护工程技术研究中心、古代壁画保护国家文物局重点科研基地、
敦煌研究院保护研究所）

摘要： 敦煌与福建南北相距几千里，却有着相似的移民迁徙历史，将中原文明带向周边，形成统一的中华文化史。其中南方的客家围屋成了中华客家文化中著名的特色民居建筑，独树一帜。巧合的是在相距几千公里的敦煌石窟中，竟然保存有盛唐时期的客家围屋图像，充分证明了围屋形式的大概起源时间以及在中原或南方的建筑样式，或者就是南方建筑样式而被通过古丝绸之路的旅行者带到敦煌，留存在了壁画中，成为中国古代建筑历史中的一条史料资料。

关键词： 敦煌壁画 客家围屋 迁徙移民 聚族而居

敦煌与福建东西相距几千公里，要说敦煌壁画与福建客家人的土楼围屋似乎有些南辕北辙，但是却同属于中华文化范畴，说到他们的起源，就有了共通之处。

一、相似的迁徙移民历史

敦煌地处河西走廊最西端，自远古到中古都是重要的交通要道。自汉代建郡以后，也经历了多次的中原移民迁徙，这与福建客家人的起源有相似之处，都因为中原内乱，中原人为避乱而四处迁徙。不同的是敦煌最初的迁徙移民是为了"移民实边"。

自汉代张骞通西域以后，汉朝经过与匈奴的长年争战，打通了河西与西域的交通，为了巩固河西边防，开发和经营西域，汉朝从中原向河西大量移民，《汉书·武帝纪》记载敦煌在建郡之初的元鼎六年（公元前111年）就采取了"徙民以实之"的移民政策，"徙天下奸猾吏民于边"，"屯田敦煌界"。而"天下的奸猾吏民"是一些什么样的人群？《汉书·地理志》记"其民以关东下贫，

---

① 孙儒僴，敦煌研究院保护奔究所研究馆员。

或以抱怨过当，或以詿逆亡道，家属徙焉"。由此可知，他们是生活贫困的农民、因犯罪充军服劳役的刑徒、被罢黜的官吏及其家眷、仆人等。

汉武帝作《天马歌》中所得天马的献马人是"南阳新野有暴利长，当武帝时遭刑，屯田敦煌界"。在汉代敦煌郡龙勒县（唐代改称寿昌县）渥洼池发现天马而献之。在敦煌遗书《敦煌名族志》（2625页）中记载："西汉元鼎六年（公元前111年）太中大夫索直谏忤旨，是年西徙敦煌。西汉地节元年（公元前69年）司隶校尉张襄为避政治迫害，举家西奔，其子远适敦煌郡"。都说明早期迁徙敦煌的士家豪族皆因官场失利而远迁敦煌。

通过长期的移民政策，的确为敦煌带来了中原汉民族地区先进的文化和发达的生产技术，使敦煌很快成为河西繁荣富庶之地，为经济和文化的发展奠定了基础。东汉光武帝刘秀曾说河西："兵马强精，仓库有蓄，民庶殷富"（后汉书·窦融列传）。这期间，使者相望于道，商队络绎不绝。汉代经营西域，使丝绸之路的畅通达三百年之久，为中西商贸往来及文化交流创造了有利的机遇。

敦煌经过汉代的移民实边政策使其经济得到极大的发展，至三国以后的西晋时期，中原战乱不断，西晋末年的永嘉之乱（公元307~313年），中原士人认为"天下方乱，避乱之国，唯凉土耳"，因而"中州避难来者，日月相继"，晋室"散亡凉州者万余人"（《晋书·张轨传》）。"秦雍之民死者十八九，唯前凉独全"。到十六国时的前秦建元二十年（公元384年），统治者符坚又徙江汉民众万余户至敦煌，中州之人亦徙七千户，这是《晋书·凉武昭王李玄盛传》和《晋书·符坚传》中有记载的史实，其他很多历史文献上这类记载颇多，这是敦煌发展史上一个重要的组成部分，这种主动或被动的移民活动在发展敦煌之初，一直持续了几百年。隋唐时期，由于丝绸之路的畅通，敦煌与中原交往频繁，这在敦煌石窟壁画中可以得到印证。宋代以后，海上丝绸之路的发展，敦煌逐渐衰落，明代闭关锁国的政策，迫使嘉峪关外的汉人内迁，敦煌被吐鲁番占领。最后的一次大迁徙是清康乾盛世时期，清康熙五十四年（公元1715年），清兵收复整个河西，并进军西域。康熙、雍正时代，重视边关开发、调集。迁徙大批军民至瓜沙一带屯垦农田。仅1725年一年内，就先后把甘肃52县的2400余户汉民徙至沙州开垦，乾隆时期清政府将沙州卫升为敦煌县。至今敦煌的许多地名都是以甘肃的这些县名命名的，同时也有一些地名是以家族姓氏修建的大堡子命名，这些大堡子与客家围屋有着相同的功能。

由百度网络上查询"客家人"，得到的解释为："在两晋至唐宋时期，因战乱饥荒等原因，黄河流域的中原汉人被迫南迁，历经五次大迁移，先后流落南方。由于平坦地区已有人居住，只好迁于山区或丘陵地带，故有'逢山必有客、无客不住山'之说。当地官员为这些移民登记户籍时，立为'客籍'，称为'客户'、'客家'，此为客家人称谓的由来。为防外敌及野兽侵扰，多数客家人聚族而居"[①]，成为南方以汉民族文化为主体的中华文化的一个重要组成。而多次迁徙的原因主要因为躲避战乱，如东汉末年的黄巾起义，致使黄河流域大批汉人为避难北走南渡，逃到南方的即所谓"群雄争中土，黎庶走南疆"。西晋"永嘉之乱"，又导致大批中土人士"衣冠南渡"。《晋书·王导传》："俄而洛京倾覆，中州士女避乱江左者十六七……"《晋书·张轨传》"中州避难来者，日月相继"，说明中原群雄争霸，中州人士四散逃离。以后多次被动与自动的迁徙，都将先进的中原文化带到南北各处，为统一的中华文明奠定了基础。

---

① http://baike.baidu.com/view/469683.htm（客家人的由来）。

二、看敦煌壁画中的群体式聚族而居的形式

　　群体式聚族而居是人类发展进化之初就有的形式，在生产力低下的石器时代，为抵御野兽伤害，在群聚地周围挖壕沟加以保护部落族人，随着生产力提高，由壕沟演变为高大围墙进行保护。通过大量汉代出土明器的陶庄园形象，可以看到早期由于战乱，而迁徙他乡的人们，为了安全，多采取群体式聚族而居的居住方式，以人数众多来躲避当地豪强的侵扰，南方客家人的名称既是为了与当地原住民的区别而得名。而在河西走廊，汉代以前的原住民多是以游牧为生的游牧民族，他们在匈奴人的不断侵扰下早已远走他乡，迁徙到更加遥远的西域即今中亚一带，当汉武帝将匈奴人赶出河西，为了巩固和经营河西，保证东西交通畅通而采取"移民实边"政策向这里移民，移民中有许多"举家西奔"的大家族，他们一直活跃在变化纷繁的敦煌历史舞台上，对当时社会政治、经济、文化、宗教各方面都产生了深远的影响。如莫高窟第220窟就开凿于唐贞观十六年（公元642年），窟内有墨书题写的"翟家窟"题记。翟家是北朝时迁入敦煌的大族，以"浔阳翟氏"见著于敦煌藏经洞出土的敦煌遗书文献中及许多窟内所绘的供养人题记中，从历史记载到开窟造像。他们与敦煌各大家族联姻通婚，形成盘根错节的政治婚姻，莫高窟第220窟就是他们的一处家庙，并世代延续直到五代后唐同光年间（公元934—926年），还有他们的子孙重修了窟前甬道，并题写了翟氏《检家谱》。这些从中原西迁到敦煌的大家族，当时的居住情况是怎样的？从历史记载、河西地区汉代至魏晋时期出土的墓葬建筑明器及壁画墓、敦煌壁画中的居住建筑画可以窥见一斑。

　　中原战乱导致北走南渡的中州人士避难出走，迁往北方的人们在干旱少雨的地方，继续发展中原汉代的庄园建筑形式，供家族居因宅院和田园两部分组成，宅院为三进四合院，院内众多的房屋将院子挤得满满当当（图1）。甘肃博物馆展武威出土的汉代陶楼院，也显示了多进院落与角楼、望楼等（图2）。到魏晋时期，北方战乱频繁，地方豪强筑坞堡自卫。《魏书·释老志》中记敦煌："村坞相属，多有寺塔"，相同时期的酒泉、嘉峪关出土的魏晋壁画墓里，绘有很多城堡，堡内有望楼，并旁书一"坞"字，表明城堡是坞堡的形象（图3、图4），坞堡的高墙上有阶梯状的雉堞。反映在早期北魏、西魏、北周

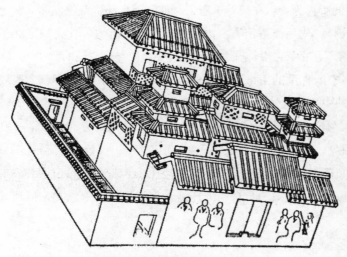

图1　淮阳彩绘陶庄园

图2　武威出土汉代陶楼院（出版）

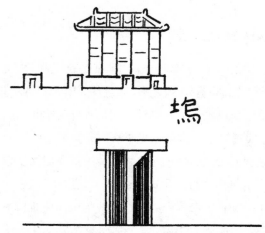

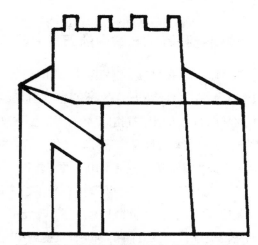

图3　甘肃嘉峪关魏晋壁画墓里书有"坞"字的
坞堡形象

图4　甘肃嘉峪关魏晋壁画墓中所绘坞堡形象

壁画中的坞堡，在其城垣上都画出清晰的雉堞，并有墩台与马面的设施，如第257窟西壁绘"须摩提女缘品"故事画，是北魏壁画中的精品，画中是一尊荣豪富之家的宅第（图5），三面城垣围绕，一侧门楼为出入口，院内堂中正在接待宾客，堂后有四层望楼，下层挂幄帐，内中一妇女作睡眠状，楼后有园，宅第的城垣墙上设雉堞，沿墙有突出并高于城垣的墩台即所谓"马面"，显示出城的防御功能。这个形象较之魏晋墓中的形象有了很大的发展，正是文献所述情况的形象补充。发展到唐代，在第445窟北壁的"弥勒经变"中，于中间上部表现弥勒佛居住的天宫建筑时，绘出的建筑形式是一大片建在悬崖峭壁上各自独立的庭园，有十座之多（图6）。庭园形式各不相同，有方形、圆形、心形、前圆后方形等，院落有一进和多进之别（图7、图8）。围合而成的院落形式，外圈为一周廊院，根据院落大小规模开一门或多门，整体形状犹如现存的南方客家围屋。

图5　坞壁宅院，北魏，第257窟　西壁

图6　围屋式兜率天宫图，盛唐，第445窟　北壁

图7　天宫中的心形围屋，盛唐，第445窟　北壁　图8　天宫中的圆形围屋，盛唐，第445窟　北壁

三、敦煌壁画第 445 窟中的天宫庭园与客家围屋之比较

莫高窟盛唐第 445 窟北壁整幅表现的是"弥勒经"中的情节，在敦煌壁画中，凡是表现"弥勒经"的，其上部必然有弥勒菩萨居住的天宫建筑。弥勒经变画在莫高窟有 88 幅之多，表现的天宫建筑各不相同，唯有该幅画与客家围屋有相似之处，凡是来莫高窟看了此画的人们，不约而同地称此为"客家围屋"（图 6）。"客家围屋是中华客家文化中著名的特色民居建筑。围屋始见于唐宋，兴盛于明清。围屋结合了中原古朴遗风以及南部山区的文化特色，是中国五大民居特色建筑之一……围龙屋始于唐宋，盛行于明清。客家人采用中原汉族建筑工艺中最先进的抬梁式与穿斗式相结合的技艺"[①]（图 9）。

敦煌石窟的开凿不间断地延续了一千年，历经十个朝代，壁画中的建筑画成为中国建筑历史一千年演变的见证，无独有偶在敦煌唐代壁画中发现了客家围屋的踪影，与上述研究客家文化渊源"围屋始见于唐宋"不谋而合，证实了客家围屋的形式早在唐代或唐以前就已出现，因而才在古代丝绸之路的交通咽喉的敦煌壁画中出现。现存的南方客家围屋多为明清时期建筑，围屋形式以楼院围合成高大的围墙（图 10），围墙上有很多防御设施，以保护家族。敦煌壁画中的围屋可以看出没有高大的围墙，但建筑却在独立的悬崖峭壁上，形成天然屏障，起到阻止防范作用（图 11）。

图 9　客家土楼群

图 10　客家土楼

图 11　建于悬崖峭壁上是围屋，盛唐，第 445 窟　北壁

图 12　民居院落，盛唐，第 23 窟　南壁

---

① http://baike.baidu.com/view/469683.htm（客家人的由来）。

四、结语

敦煌壁画中的围屋建筑形式没有在西北得到发展，只是昙花一现地出现在壁画中，而壁画中围屋所处的悬崖峭壁又印证了"逢山必有客、无客不住山"的客家建筑环境之说。而北方有广袤的绿洲平原、沙漠戈壁的地理环境，所以西北地区仍然采用厚实的夯土墙式的堡子建筑，是早期坞堡建筑的延续，如唐代第23窟南壁的一处民居宅院（图12），外有厚实的夯土围墙，内有一周廊院，院中有正房、偏房等多处房屋供家族居住。这样的形式在西北地区一直沿用到近代，成为这里群体式聚族而居的典型建筑，只是这样大型的堡子建筑如今不见有完整保存的，只留有一个个地名如郭家堡、苏家堡、甘家堡等名称仍在敦煌作为一个地名在使用，这里的人们也多以这些姓氏为主。

中国有着悠久的历史，也有广袤的土地，东西南北都围绕着一个中心即中原文化，中原的文化也影响着四周，如今南方的典型建筑在遥远的西北古代壁画中出现，是中原文化对古代南北方文化影响的体现，也是古代南北交通发达的体现，同时也证明敦煌壁画建筑画就是一幅形象的中国古代建筑史。

1.5 传统聚落可持续发展度的创新与探索

陆 琦[①] 梁 林[②] 张可男[③]

摘要：历史上，传统聚落研究的手法多从"文化"与"社会"这两个层面来总结和探究聚落的社会文化意义及其空间结构与居住形态。在吴良镛先生提出的人居环境科学研究的思想指导下，用可持续发展观与协同论的研究方法，对既有历史文化村镇进行总结，根据现状问题的剖析，从而提出传统聚落可持续发展度这一概念，对其定义及目标内容给予一定程度的研究，以推动传统聚落可持续发展评估体系的建立与拓展。

关键词：传统聚落 人居环境 可持续发展度 评估体系

一、研究背景与现状

（一）研究背景

"聚落"的原意指区别于都邑的居民点，但现在多指人类生活地域中的村落、城镇和城市。聚落是在一定地域内发生的社会活动、社会关系和特定的生活方式，并且是由共同的人群所组成的、相对独立的地域生活空间和领域。它既是一种空间系统，也是一种复杂的经济、文化现象和社会发展过程，是在特定地理环境和社会经济背景中，人类活动与自然相互作用的综合结果。正是聚落这种人类参与构造空间的本质，使它成为区域人居环境研究不可忽视的对象。

将"聚落"纳入到人居环境的研究框架中，将人类聚落视为整体来探讨人与环境之间的相互关系，是建筑学界近十年来才产生的新的研究趋势，而由吴良镛院士领导的课题组无疑是这一领域的先行者与领路人。历史上，建筑学界对中国的传统居住文化的研究方法和思维取向，大致分为两种：一是从"文化"的角度研究，它注重民居的形制和形态以及其背后的建筑观念的诠释，注重民居的社会

[①] 陆琦，华南理工大学建筑学院教授，博士生导师。
[②] 梁林，华南理工大学建筑学院，博士研究生。
[③] 张可男，卡迪夫大学威尔士建筑学院，人居环境研究中心助理研究员。

文化意义以及民居建筑史料的建立；二是从"社会"的角度研究，它注重聚落的结构和形态以及它们背后的社会组织和生活圈的诠释，注重探究聚落的整体面和住区的空间结构与居住形态。而吴良镛院士则在2001年出版的《人居环境科学导论》中提出了以"了解、掌握人类聚居发生、发展的客观规律，以更好地建设符合人类理想的聚居环境"为目的的"人类环境科学"这一新学科，该论述为中国的聚落和人居环境研究揭开了新的篇章。

（二）国内研究现状

十年来，关于人居环境理论及典型案例的研究迅速进展，尤其对于传统聚落的研究，突破了以往仅从聚落某一元素或某个侧面着眼、割裂建筑与居民生产生活的"文物论"视角，抢救性地挖掘了许多传统聚落的优秀理念及营造技术，并已初步形成了以规划学、建筑学、地理学、历史学、人类学、社会学、经济学等多学科协同探讨的良好开端。笔者认为，聚落的案例性研究已收集整理了大量较为翔实的第一手资料，对传统聚落的保护与更新也有了很多探索性实践，且吸引了世界同行的关注。以笔者所在的华南理工大学民居研究所为例，由陆元鼎教授在2002年主持的"从化太平镇钱岗村广裕祠修复工程"获得了联合国教科文组织亚太地区文化遗产保护奖第一名"杰出项目奖"，将中国学者的研究成果和实践传播到了世界。然而，中国正处于城市化进程的顶峰时期，十年前获最高奖项的项目在今日也陆续出现了许多新的问题。作为该项目的主要参与人员，笔者在跟踪解决各种问题的同时，一直在思考如钱岗村这样的传统村落核心价值何在、在未来能否生存下去、又如何生存并发展下去的问题。笔者相信，这也是中国许多传统村落在历史发展的转折性关口需要共同解答的问题。当前是"十一五"计划收尾而"十二五"计划立项之际，也是中国的城乡发展继"二元结构战略"后面临又一次历史性选择的当口。在此背景下，中国传统聚落的存废问题、发展方向问题不仅仅是以往常提的文化传承问题，更是关系到国计民生、社会和谐度和国家竞争力的战略性问题。

（三）国外研究现状

国际研究界对人居环境和人类聚落的研究，也是在工业化和城镇化与传统聚落形态逐渐对立的历史时期开始兴起并迅速拓展的。其中，由道桑迪亚斯在20世纪50年代创立的"人类聚居学"是公认的具有可持续发展观的人类聚落研究代表性学派，其核心论点是"包括城市和乡村在内的所有人类聚落已经出现了危机"和"当我们在处理聚居问题的过程中，在过渡专业化的道路上越走越远的时候，我们丢掉了建设聚落的主要目的：人类的幸福，即人类通过与其他元素之间的平衡发展而获得的幸福。每一天，我们都在失去一些综合处理聚居问题的能力，因为我们的专业越分得细，我们越无法从总体上理解聚居问题，也就越忘记了综合的必要性"。这种危机和对幸福本质的遗忘，体现在西方的聚落发展上，就是第二次世界大战后大量城镇重建过程中产生的"卫星城"、"新城"现象，以及在大量修建给排水、公路、燃气管网等市政基础设施的努力下，却日益造成从城市到乡村缺水、缺能源、交通堵塞及垃圾泛滥的现象。但从具体聚落形态来说，欧洲大陆和美洲大陆呈现了不同的分化：欧洲如英国、法国、德国等老牌资本主义国家最大限度地保留了其历史风貌和传统聚落肌理与尺度，在第二次世界大战后未经历人口爆炸式增长的背景下，尽可能地传承了文脉和聚落营造手段；而美洲如美国、加拿大等新兴资本主义国家并未受到两次世界大战的过多损耗，其可追溯的历史也比较短暂，由多种族移民和文化短期内融合碰撞产生的"掘金"浪潮形成了聚落齐头并进的多样性发展，在人口经过短期内的爆炸式增长获得足够的人口红利后，经历了势不可挡的城镇化突进阶段。然而，这两种模式均未能解决人类聚落幸福感衰退的危机，其表象是间歇性的经济危机和许多现代心理疾病的出现，而本质是因人类聚落发展与自然环境发展的日益对立而导致的人类生存环境的恶化。

国外的这些经验教训充分说明，只保留传统形式、不解决人与自然共进发展中的新矛盾和新问题，或是完全摒弃传统忽视自然需求、单纯依靠现代科技满足人类物质欲望，都不是能将人类聚落引向可持续发展道路、为人类谋求终极福祉的正确路径。当前，国外的热点研究领域集中在生态概念（Eco-）的聚落营造，其核心思路是低碳、低成本、低技术需求，而这些理念其实早已在中国的传统聚落中贯彻千百年。因此，若能将我国传统聚落的核心价值和营造理念研究透彻，不仅对我国下一个历史阶段的发展具有战略意义，对世界人居环境的可持续发展也将起到不可忽视的作用。

二、传统聚落面临的挑战与困难

"历史文化名镇（名村）"、"历史文化村镇"的提法是经由2002年通过的新版《中华人民共和国文物保护法》确立并作出较为明确的定义的，即"保存文物特别丰富并且具有重大历史价值或者革命纪念意义的城镇、村庄"。2003年建设部和国家文物局在联合公布第一批中国历史文化名镇（名村）时，又对历史文化名村镇的概念作了进一步完善，即"保存文物特别丰富并且有重大历史价值或者革命纪念意义，能较完整地反映一些历史时期的传统风貌和地方民族特色的镇（村）"。这一定义的先进性在于凸显了传统聚落所具有的历史见证性和文化代表性。然而，笔者在过去十年参与多个历史文化名村镇项目的评审、改造实施与执行效果评估中，也不断发现及思考"历史文化村镇"这一概念及相应评估体系对传统聚落核心价值提炼的局限性。以下是对既往被列为历史文化名村镇的一些项目主要现象的总结：

第一种情况，是"保不住"。这一类名村镇的商业开发和媒体宣传往往较为成功，使得其区域内的旅游业和围绕当地特色产品的小商业经营十分兴旺，但随之而来的问题，却是传统聚落空间、聚落肌理和历史建筑风貌破坏迅速而严重。与此同时，大量工业固体垃圾和"现代环境病"（如大气污染和水污染）也随游客和商贸往来传导到这些村镇，使保持了成百上千年的人与自然和睦相处的聚落环境于短期内恶化。

第二种情况，是"挂牌死"。这一类名村镇的风貌保存往往较为完整，甚至还被当做成功案例进行宣传。但这类聚落却常常人去楼空，参观者走遍聚落却看不到半点当地人的生产与生活。即便有些当地政府专门投入大量资金制作了蜡像和多媒体讲解资料，这样的聚落仍然不得人心：参观者感受不到建筑与物件背后生动的社会组织和生活圈形态，也无法被聚落所凝聚的文化与人际关系感动；而当地居民因无力承担修缮费用，或是碍于严酷的管理措施无法对聚落做出适应新的生产生活要求的更新改造，只好迁出受保护区域另寻住址，从而产生了貌似光鲜却毫无生气的

"空心村镇"。

第三种情况，是"自生自灭"。这类村镇往往在当地具有一定的名声，或是被某些研究机构当做案例进行过某方面的研究，但因各种原因未被纳入"历史文化名村镇"的挂牌范围。在当前农村劳动力大量进城务工的时代背景下，这些聚落慢慢沦为老弱病残聚居的留守地，大量具有历史文化价值的建筑、景观、民俗、文物随聚落的衰败而损毁或遗失。

笔者认为，这三种典型现象的出现，在于当前大多数对传统聚落的研究未从可持续发展的角度出发，在大量聚焦其历史与文化价值的同时未透彻理解传统人居环境的核心价值，也未能以系统观和协同论的方法去解决传统聚落居民试图改善生活时面临的现实问题。人居环境的生命力，既离不开地灵，也离不开人杰。以往保护的失败案例充分证明，若没有考虑到当地居民生产、生活与环境三者间的长远平衡，在改善物质生活条件和追逐经济指标的巨大冲动之下，以保护目的注入的资金反而可能加速对传统聚落的破坏。

透过以上现象，传统聚落在当今时代背景下面临的挑战与困难可总结为：

（1）在工业化和城镇化的时代背景下，现代人的生产生活方式相对传统农耕经济产生了巨大的变化，从而对人居环境在形式及功能上都有了新的要求，而许多传统建筑和聚落空间肌理无法满足这样的要求；

（2）人口持续的增长对土地利用和资源产生了巨大压力，而传统的低密度、土木结构为主的聚落营造无法提供土地集约利用、短期内大量住宅集中落成且聚落环境及文化氛围和谐再生的发展路径；

（3）现代聚落工业化后，在将各种不可降解性污染传导到传统聚落中的同时，还对传统聚落的资源、劳动力和生存空间进行掠夺；

（4）因文化、习俗、居住形态改变，造成传统聚落中功能区的闲置与废弃（如池塘、祠堂、牌坊、寺庙、戏台、围墙、水井、公共或庭院旱厕、碉楼、农田等），使传统聚落日益丧失组织生产生活的功能和作为精神家园的凝聚力。

然而，若跳出国界与纯历史文化的层面去看待传统聚落，笔者发现中国的传统聚落是具有自我更新与调整、在工业化和城镇化背景下兴旺发展的能力与凝聚力的，各国的唐人街（China Town）便可视为传统聚落适应现代环境生存的典型例证。无论走到海外哪个国家，唐人街（China Town）都是可以无须介绍而轻易识别出的聚落形态。除去具象的中国元素与中国符号，这些聚落围绕饮食、居住、娱乐、商贸、文化所形成的特殊人居环境与氛围，在异国他乡仍让人体会到浓浓的中国传统文化和生活习俗，而这种个性又未影响此类聚落与当地大环境的和谐共生与共同发展。所以，在分析国内传统聚落发展面临的挑战和困难时，作为科研人员，除了实事求是地反映国情与客观条件，也需跳出既有思维模式，以可持续发展观和协同论为理论依据，充分利用国内外已取得的研究成果和研究工具积极地进行前瞻性、探索性研究。

三、概念研究的意义

综上所述，进行传统聚落可持续发展度概念研究的意义在于：

（1）拓宽历史文化村镇研究的领域，将以往聚焦于"乡土聚落"这一狭义层次的研究延伸到城乡统筹、区域统筹等中观、宏观层次；

（2）建立传统聚落可持续发展度研究的通用性框架，扩展到聚落和人居环境研究课题中；

（3）通过抽象、提炼传统聚落的核心价值，将其聚落形态模式、地域性居住文化特征和聚落营造理念分解为综合体系下的分领域进行评估，既能通过定性与定量相结合的方法综合动态体现聚落的可持续发展能力，又可为各专业的精细化研究提供着力点。

四、概念的提出

（一）可持续发展度的概念

"可持续发展度"是既往人居环境和聚落研究中不曾出现的又一新概念。本文设立这一概念，是基于对历史文化名村镇保护失败案例的思考。以保护与传承历史文化村镇为主旨的评估体系已研究多年，并取得了阶段性成果，但笔者认为，这一体系目前的局限性有三：（1）此体系强调传统聚落中建筑、空间、民俗等单体元素的历史见证性、文化价值和艺术美学价值，但未能全面体现出传统聚落作为人居环境的多样性和内部元素关联性；（2）没有一个综合定性指标去描述聚落的总体兴旺程度，从而在指导实践中的更新改造时，容易出现"得不偿失"的情况；（3）关于继承和保护的指标设置很多，但对未来从什么地方着手去发展，以及为了新的发展需付出什么样的代价却无法体现和规范。而"可持续发展度"是一个基于综合评估体系的整体定性指标，它意在反映传统聚落作为人居动态环境在未来可以持续发展的能力，其定义可总结为：

$$可持续发展度 = 聚落人居环境效益 / 聚落自然环境负荷$$

其中"聚落人居环境效益"是指该聚落在社区环境营造、居民健康与舒适度和社区经济条件这三方面所取得的成绩、效果和利益；而"聚落自然环境负荷"是指为达到产生效益的目的，需对聚落边界内环境产生的消耗和污染，其具象体现则为选址与用地性质、能源与材料使用及水资源状况。本研究团队预期，这种基于定量评价指标的综合定性指标将对实践中的更新改造具有直接而明确的指导意义。

（二）对既有历史文化名村镇评估体系进行集成式拓展

在评估体系与指标的建立上，过去五年中已有大量学者在关注历史文化名村名镇体系研究的同时，进行了其余价值的讨论及探索。但到目前为止，已有的结论并未对历史文化名村名镇体系在民族、经济、道德伦理和生态等方面的价值进行拓展认定。

特别是量化评估方面，我国的现有研究还处于比较薄弱的起步阶段。而在这方面，英国的量化评估方法与指标已有超过 50 年的历史和经验，并已形成专门的数字化工具和管理体系，其方法论和工具的研发过程都对我国传统聚落的量化评估具有极高的借鉴意义。例如，由英国建筑研究机构（BRE）编制的英国建筑环境性能评估体系 BREEAM（BRE Environmental Assessment Method）在 20 世纪末已将评估内容从"建筑的内部环境"拓展到"建筑及其周边环境"，其指标的编制和权重的分配，以及在编制过程中不断顺应时代发展状况调整内容的历程，对于本课题研究着眼于聚落尺度的评估体系建立有着许多可以学习之处。又如，由卡迪夫大学威尔士建筑学院开发的能耗与环境预测数字化平台（EEP, Energy and Environmental Prediction）及其下属模块软件，将学术评估结果与城乡数字化管理体系进行了整合，已使得政府职能部门在制定相关政策和检验执行效果时有据可依、有记录可查，在已投入使用该系统的行政区得到了非常积极的反馈，使用者普遍认为该系统对提高行政效率和政策的可行性有很大帮助。

五、研究的方法

（一）以协同论方法建立以聚落为基本单位的多层次论域

聚落从无序产生通过与自然和其他人类聚居的竞争与合作趋向有序发展，本研究以中观层次的聚落研究为桥梁，将微观层次的民居研究和宏观层次的聚落群、区域研究联系起来，完善聚落人居环境研究的整体构架。

（二）采用多学科辍和的研究视角

本研究所采取的研究方法涉及建筑学、图形分析学、统计学、生态学、地理学、人类学、社会学、语言学、美学等多个学科领域，所以必须根据研究过程中具体分项研究的特点，合理配置研究团队成员的工作领域和协调他们的工作方法，对不同学科领域内的研究手段和对接方式进行有效整合。

（三）以系统观和可持续发展观支持聚落人居环境效益与自然环境负荷的作用机制研究

影响民系传统聚落人居环境的因素是多元文化、人文环境因子所构成的多层次的、开放的、高度复杂的系统，尽管每一个制约因子都在承担该系统的存亡和运动方向的责任，但它们都不能单独决定该系统的存亡与运动方向。因此在分析聚落外部环境对聚落形态的作用机制时，必须以系统论作为支持，要杜绝以孤立、静止的眼光研究问题，制定出的指标也许具有动态可比较性。

（四）计算机数字化模拟，系统性定量分析

数字化模拟可以使得研究人员在收集到足够基础资料的情况下，使用参数化设计，对传统聚落人居环境进行系统性定量分析与低碳、低成本、低技术改造方案研究，以较低的成本解决以往定性研究深入不下去、分析不清楚、判断不准确等问题究。

六、结语

因此，在谨记文化背景、历史发展阶段和经济水平具有显著不同的同时，在"社区环境营造、居民健康与舒适度、社区经济条件、选址与用地性质、能源与材料使用及水资源状况"这六大领域下

属指标的论述和权重分析的基础之上，对传统聚落评估体系的量化指标制定方面做出深入研究和积极探索，为我国传统聚落可持续发展探索出一条适宜性高，可持续性好及可操作性强的使用原则体系。

参考文献

[1] 吴良镛 . 人居环境导论 [M]. 北京：中国建筑工业出版社，2001.

[2] 陆元鼎 . 中国民居建筑 [M]. 广州：华南理工大学出版社，2002.

[3] 陆琦 . 广东民居 [M]. 北京：中国建筑工业出版社，2008.

[4] 赵勇 . 中国历史文化名镇名村保护理论与方法 [M]. 北京：中国建筑工业出版社，2008.

[5] 朱光亚 . 中国古代建筑区划与谱系研究初探 . 中国传统民居营造与技术 [M]. 广州： 华南理工大学出版社，2002.

[6] 戴志坚 . 闽海民系民居建筑与文化研究 [M]. 北京：中国建筑工业出版社，2003.

[7] 刘定坤 . 越海民系民居建筑与文化研究 [D]. 广州：华南理工大学博士学位论文 . 2000.

[8] 赵勇，骆中钊，张韵 . 历史文化村镇的保护与发展 [M]. 北京：化学工业出版社，2005.

[9] A. Dupagne et al. Sustainable Development of Urban Historical Areas through An Active Integration within Towns [R]. European Commission，2004.

[10] May Cassar. Climate Change and the Historic Environment [R]. UCL CENTRE FOR SUSTAINABLE HERITAGE, 2005.

[11] Phil Jones et al. GLOBAL MEGACITIES AND LOW CARBON: FROM CONCEPT PLANNING TO INTEGRATED MODELLING[J]. 世界建筑，2010（02）.

1.6 基于清洁能源利用的西北旱作区绿色乡村聚落规划研究[①]

靳亦冰[②] 王 军[③] 夏 云[④]

摘要： 西北旱作区地域辽阔，气候条件复杂多样，生态环境脆弱。目前，煤炭仍是该地区农村生产、生活用能的主要来源。在当前能源紧缺的背景下，应综合利用清洁能源逐步改变农村用能方式，改善农村生态条件，提高农村可持续发展能力。本文即提出应在乡村规划中开发利用清洁能源，强调其适宜性、地域性，特别是通过新能源的利用和本土化材料的开发应用，减少资源浪费与环境污染，加大废弃物的利用，达到节地、节能、环保的要求。此研究不仅可降低住宅建设及使用成本，改善民居的居住舒适度和环境，带动西北旱作区乡村聚落建设健康有序发展，而且对于修复西北旱作区脆弱的生态环境具有积极的促进作用，为缓解西北旱作区日益恶化人与资源的矛盾具有重要的现实意义。

关键词： 西北旱作区 清洁能源利用 绿色乡村

引言

随着人类社会的不断发展，对能源的利用也在不断变化。可以说能源的消耗推动了人类文明的发展。远古时代的人类主要以柴草、蓄力、风力和水力为主要能源，产业革命之后改为以煤炭为主要能源，再后来发现了石油并代替了煤炭成为主要能源。但随着人类环保意识的觉醒，石油煤炭等化石燃料的高污染性和不可再生性引起了对能源结构的质疑，人类需要寻找新的可再生能源来代替现有能源结构。可再生能源主要是指利用清洁能源所产生的能源，如风力、水力、地热、生物质能、太阳能等所产生的能源。本文即讨论在西北旱作农业区乡村聚落中清洁能源的利用。

① 国家十一五科技支撑计划重点项目"西北旱作农业区新农村建设关键技术集成与示范 2008BA96B08"；
西建大基础研究基金"基于清洁能源利用的西北旱作区聚落营建模式研究 JC1102"。
② 靳亦冰，西安建筑科技大学建筑学院，讲师，710055，jinice1128@126.com。
③ 王军，西安建筑科技大学建筑学院，教授，710055，prowangjun@126.com。
④ 夏云，西安建筑科技大学建筑学院，教授，710055。

一、开发利用清洁能源的迫切性

根据综合预测，我国能源问题的忧患将在 2020 年之后显现，必须大力发展清洁的替代能源，才有可能缓解这一危机。虽然目前加紧发展可再生能源，开发新能源，但是预计直到 2025 年，煤炭将继续是我国最大的能源资源。石油是我国的第二大能源资源，石油地质资源总量 1021 亿吨，但可采储量过少。1993 年，中国由石油净出口国转变为净进口国。[①]我国能源利用面临严重问题。

目前，我国正处于西北大开发的时期，西部大开发的一个重点是西部地区的乡村建设，处于西北旱作农业的聚落更新与发展更是面临严重的能源问题。西北旱作区的乡村生活、生产用能的主要来源仍是煤炭，还有农作物秸秆、木材、草、人畜粪便等。煤炭的使用污染环境，木材的使用造成森林资源的不可持续发展，如何在乡村聚落建设中用清洁能源替代传统污染性、不可持续性的能源迫在眉睫。

二、西北旱作区乡村能源利用现状与问题

农村能源与农业生产和农民生活紧密相关，农村能源的发展状况对于经济和社会发展，具有举足轻重的作用，也是农村可持续发展能力的一个重要标志。我国西北旱作区人口众多，经济不发达，人均商品能源的消费水平很低。长期以来，我国西北旱作区农村能源的利用以直接燃烧秸秆、薪柴等非商品生物质能为主，效率很低，环境影响大。改革开放后，特别是近年来，随着农村经济的快速发展，农村使用煤炭、石油、燃气和电力能源等比例逐渐增大。如今煤炭仍是农村生产、生活用能的主要来源，还有农作物秸秆、木材、草、人畜粪便等（图 1）。

树枝　　　　　　　　　　　　　　　木材

动物粪便　　　　　　　　　　　　农作物秸秆

图 1　西北旱作区乡村生活、生产主要能源

---

① 贾正航 . 新农村可再生能源实用技术 . 北京化学工业出版社，20069：11.

当前，我国西北旱作区能源具有以下特点：资源丰富，就地取材。我国西北旱作区地域辽阔，太阳能、风能、水能及生物质能资源均相对丰富，各地可根据条件适当采用符合当地资源情况的能源生产方式，例如青海、宁夏属于太阳能富集地区，内蒙古属于风能富集地区，广大西北旱作农业的农作物秸秆和人畜粪便为生物质能地开发利用提供原料。在能源危机后，新能源的开发利用受到各国的重视，在借鉴国外成功案例和结合我国国情和地域特点的基础上，我国沼气技术、秸秆气化技术、太阳能技术相对趋于成熟，在广大的西北旱作区进行推广利用有技术力量支撑。

随着人们生活水平快速的提高，西北旱作区乡村聚落建设的任务繁重，每年新增住宅数量不断增加，但由于农村住区建设的粗放和无序，缺乏规划和设计，造成住宅建设大量浪费土地、污染环境、高能耗、不经济、不安全的现状。同时，农村住宅长期依靠资源消耗支撑的粗放型生产，造成居住建筑的舒适度低、能耗高，各地区建筑样式雷同，地域风格缺失；村庄平面布局不合理，缺乏地方特色与公共活动空间，与地域环境历史文脉不相协调。

目前，该地区农村能源存在的问题为：农村能源利用效率低，能源浪费和短缺并存，农村能源消费对生态与环境的压力大，农村能源可持续发展机制仍不完善。

三、清洁能源在乡村聚落建设中的地位和作用

大力发展农村清洁能源对乡村聚落建设具有以下重要意义：

（1）有利于改善农村能源结构，对修复西北旱作区的脆弱生态环境具有积极的促进作用。大力开发利用清洁能源强调适宜性、地域性，特别是通过清洁能源的利用和本土化材料的开发应用，减少资源浪费与环境污染，加大废弃物的利用，达到节地、节能、环保的要求。改善生态环境，制止森林过度采伐，必须解决农、林区的烧柴问题。各地要根据农、林区烧柴的需要，大力发展薪炭林，加快沼气、风力、太阳能、地热、煤炭、作物秸秆等其他能源的开发利用，普及改灶节柴、改煤节柴技术。从而保护农村资源，解决农村生活用能问题，改善农村生态环境严峻形势，保障退耕还林还草战略的顺利实施。

（2）有利于改善农村生活环境，提高农民的生活质量。我国农村商品能源的供给一直比较低，农民的很多家用电器因为电力供应不足而闲置，从而不利于各种科技在农村的传播和农村精神文明建设的发展。发展农村可再生能源有利于提高农村能源的自供率。农村能源供应的可靠性和稳定性，促进农村精神文明建设。

（3）有利于降低住宅成本，取得良好的经济效益。归纳总结当前乡村聚落建设中能源利用普遍存在的问题，分析清洁能源未能广泛利用的原因，并寻找相应的解决对策，提出基于清洁能源利用的营建模式。通过结合实例的探索和清洁能源利用房屋的规划设计与建设，带动西北旱作区乡村聚落建设健康有序发展，同时也可将降低住宅建设及使用成本，改善民居的居住舒适度和环境，取得良好的经济效益，并促进西北旱作区国民经济的快速持续发展。

（4）有利于发展生态农业，实现农业生产的可持续发展。生态农业建设已成为各地实现农业可持续发展的必然选择。大力发展的农村可再生能源技术，如沼气发酵技术作为生物质能源开发利用的一种主要技术，在我国已得到较为广泛的开发利用，取得了很好的经济、社会和环境效益。沼气

作为一种可再生洁净能源，不仅可以燃烧，而且可以用于照明；沼肥可以回田，增加土壤肥力；沼液可以浸种，还可以预防虫害。此外，农村建沼气池并配套建设牲畜圈舍、厨房、厕所、浴室、排水管道等，粪便、污水入池发酵，农村的卫生健康状况会大为改善。因而，清洁能源建设有利于农业生产的可持续发展。

（5）能够推进农村基础设施建设，整治村容村貌。清洁能源的开发利用是一个系统的联动工程，要求水、路、管、厕、电网、通讯等基础设施与之配套，而这些基础设施的建设和改善，必将促进农业生产经营条件的改善，使得村庄得以合理的规划和布局，村容村貌更为整洁。

新能源的开发利用与广大农民的生产生活密切相关，要注重宣传和引导，激发农民的民主热情，强化农民的参与意识，培养农民的用能习惯，乡村聚落建设中新能源的主动利用和广泛推广。

目前，太阳能、地热能、风能、潮汐能等能源的利用在我国西北旱作农业的乡村建设中仅占较小部分，太阳能的利用相对普及，沼气的使用近些年也取得了进展，但仍需大力推广使用。太阳能、沼气等能源远比煤炭清洁、安全，不仅可以缓解目前能源短缺的压力，还可以减少农业环境污染、改善农村环境。清洁能源的开发和利用在西北旱作区农村有广阔的前景。

四、清洁能源利用网路化

自然界多种能源结合起来运动某些相关元素，聚合成某种物质的普遍现象。山河湖泊，风雪冰雹，一切有机物、无机物无不如此。向自然学习，我们领悟：西北旱作区乡村聚落规划建设必须采用清洁能源网络化取代污染性能源（煤、气、油、柴、火电）才符合生态可持续建筑或称绿色建筑的要求。

在建筑使用周期，中国城乡均可采用的总投资低，受益高的清洁能源有太阳能 Solar energy(S)、沼气能 Methane energy (M)、风能 Wind energy (W)、温室效应能 Greenhouse effect energy (G) 以及热惯性或热惰性能 Thermal inertia energy(T)，将这五种清洁能源(SMWGT)因地制宜联网起来，可获得节能减排、有利环保的空前效益。

（一）太阳能 (S)

（1）可直接用于白天采光、日照，构建各类太阳房。我们曾用单玻璃推拉窗将阳台构建成保持一定换气量的可封闭的与主室毗连的温室，试验其冬季节能效果：2007 年 2 月 16~22 日（多云 / 阴转晴）测气温 40 次：阳台室温 12~28℃，平均为 23℃；主室（有供暖）21~25℃，平均为 23.4℃；室外 7~22℃，平均为 15.4℃；若没有阳台温室，主室将按室内外温差 t=23.4-15.4=8K 失热，有了阳台温室，主室与阳台温室的温差：t=23.4~23.0=0.4K 失热，证明阳台温室有很高的节能效益。40 次测温中有 18 次阳台室温比主室气温还高，其主室非但不失热反而从阳台温室得热。

（2）利用各种转换器如太阳能集热器、反射或透过聚焦太阳能灶、透明或不透明太阳能电池片将太阳能转换成生产、生活、种植用热能、电能、绿化能等。

（二）沼气能（M）：沼气主要成分是甲烷。人畜粪便、剪草落叶，一切有机垃圾都可作为原料。沼气能可用于炊事、照明、发电、供暖；沼气渣可肥田、种蘑菇、养鱼、浸种、育秧等。

（三）风能（W）：所有建筑都在天天免费享受自然通风换气的恩惠，例如风能发电：中国风能发电技术已居世界领先水平，微风 1m/s 即可发电。2011 年 4 月版 SCIENTIFIC AMERICAN 科学美国期刊：Clean Tech Rising 清洁（能源）技术兴起一文中写道："The US has been a major player in the clean energy technologies, but China is now the leader."美国曾是清洁能技术主角，但是现在中国是领先者。

（四）温室效应能（G）：温室效应能可产生如下效益：（1）节能，毗连阳台温室冬季节能试验以及广大乡村大棚间温室实践均可证明温室效应能良好的节能效益。夏季利用温室气温高的热压动力可增强通风降温效果（与自然空调配合更好）。（2）保持并延长温室植物生长期。（3）收集凝结水（结净水）温室内气温高，空气中的水蒸气遇着透明膜内表面（气温低于温室气温）会产生凝结水。

（五）热惯性能或热惰性能（T）：建筑中热惯性能时时在起作用，只是我们在感受中没有主动察觉而已，较明显的例子，如中国窑洞被深厚土层包围，夏季将太阳辐射热储备起来，冬季慢慢向窑洞放，所以窑洞有冬暖夏凉的热学特性，其中有两个热学因素起作用：一个是热阻"R"将太阳能阻住，另一个是储热功能"S"将"R"阻住的热储备起来，RS 乘积越来越大，能储备的热惯性能就越多，热惯性与太阳能结合可产生多种节能减排，增效资源，有益健康的效益，如：（1）改善室内热稳定性，提高生活舒适度与生产热学安全性；（2）组成自然空调取代机电空调（现用机电空调会加剧城市热导负效应及夏季用电高峰）；（3）广大山区可利用山体热惯性能构建靠山自然空调太阳房供人居、牛棚、猪舍以及种植、养殖等。

将上述五种清洁能 SMWGT 尽早联网，西北旱作区乡村聚落生活用能问题将得到极大改善，农村生态环境的严峻形势也将得到修复，绿色乡村的可持续发展才可以较快实现。

五、基于清洁能源利用的绿色乡村规划实践

（一）梅塔村概述

梅塔村位于安塞县坪桥镇，属于大陆性中温带半干旱季风气候，四季分明。春季雨量贫乏且有风沙，春旱现象也时有发生；夏季温度不高，偶有伏旱、暴雨等恶劣天气；秋季温凉，气温下降迅速并有霜冻；冬季寒冷而干燥，且低温天气持续时间较长。全村人口为 356 人，共 76 户人家（图 2）。

图 2　梅塔村地形地貌

原来的梅塔村村民均住在靠山窑洞内，于2010年实施整体村落搬迁。梅塔新村的民居仍然是窑洞，利用地形沿坡地分层规划建设。在梅塔新村的规划设计中结合生产、生活重点考虑清洁能源的综合利用。

（二）绿色乡村规划

针对梅塔村地理现状，为新村选取新址，在力求保留原村落的形式、肌理、尺度和风貌的基础上和现状相结合，合理利用现有地形进行村庄规划布局。根据村落现有人口、家庭结构、产业结构的基础上，调整村庄建设用地，组团式布局村民居住用地，完善公共设施功能。主要分为：居住用地、行政管理用地、公共绿地、广场用地及生产用地五部分。共规划窑洞112孔，沿等高线层及布置。同时新建村委会和公共活动中心、公共浴室、垃圾站、公厕等。

将村落土地集中化，功能明晰化，公共服务设施也更能方便地为村落所使用。在新村西侧建设了猪圈、鸡舍，使生产生活一体化，用于结合沼气池的建设，实现清洁能源综合利用。

村庄绿化体系分为道路绿化、宅间绿化、集中绿化及院落绿化。我们结合步行交通系统及村庄开敞空间布置绿化系统，是绿化渗透到每家每户的宅前屋后，充分发挥环境美化对人生活的积极作用。树种选择配置上，充分利用当地丰富的树种资源，增加成活率和降低成本投入，并根据植物季节性、造型和色彩进行合理配置。

（三）清洁能源利用网络化的实践

首先，太阳能和沼气的利用。安塞日照时间长，阳光充分，太阳能技术的利用对于梅塔新村来说是非常有意义的，在节约能源的同时，可有效地解决窑洞采光、通风、防潮等问题，更好地提升梅塔新村居民的生活品质。我们为每家安装了太阳能光电板，基本可满足日常生活用电。沼气能作为新农村建设中主要的科技手段，已经在安塞地区其他村落发展了一段时间了，普及率效果不尽如人意。这次梅塔新村的院落布局中，我们将沼气池设置在院落外公共厕所和卷棚的下方，利用人畜的粪便作为原材料产生沼气，再通过转化装置，可以用来发电、取暖等。沼气的高效利用，不仅能降低碳排放，还能减少植被过度砍伐，对保护生态环境起到良好的作用。同时，风能的利用也在此实践，我们为其中十户安装风光互补式发电设备。在使用半年后，我们前去调研，数据显示，这十户人家的所有用电均可从风光互补的发电设备得到满足。

其次，采暖方式的更新。以往的传统窑洞在太阳能运用方面均利用被动式太阳能系统改善室内热环境，主要方式为设置阳光间，减低窑洞采暖能耗。这次设计我们并没有采取这一手段，而是利用集热式太阳能热水器向室内提供热水，水管提前预埋在墙体或者炕下，产生地辐热的效果。

在梅塔村的实践中，太阳能、沼气能、风能、温室效应能、热惰性能综合利用，是我们在乡村聚落规划建设的探索和实践，每天都有太阳能热水、太阳能发电、沼气发电、炊事，结合沼气池的三位一体猪圈，生活质量得到了提高，生存、生产环境得到改善，生态环境得到修复，梅塔新村的居民切实感受到清洁能源综合利用带给他们生活的变化（图3、图4）。

图3　远眺梅塔新村　　　　　　　　　　　图4　梅塔新居

六、结语

　　西北旱作区经济落后，自然条件严酷，生态环境脆弱，贫困人口集中。在广大西北旱作区开展清洁能源的综合利用，对于保护国家生态安全、维护民族的团结、实现西北旱作区人居环境的可持续发展，对于在西北旱作区城乡建设中加速经济与社会发展、缩小东西部差距、建设和谐社会、促进民族地区安定团结，对于创建有中国西部特色的地域建筑理论、促进西部建筑科学的发展和进步，对于凝聚和培养西部一流建筑科技人才，将产生重要的作用和深远的影响，具有重大的现实意义和科学价值。

1.7 传统民居生态适宜技术在现代低碳建筑设计中的应用研究

于红霞[①] 张 杰[②] 王德帅[②]

摘要：本文基于建筑能耗和低碳节能问题，通过对中国传统民居生态适宜技术实例调查与分析，分别从自然通风、天然采光、材料选择等方面来综合论述生态适宜技术是如何达到低碳节能，以及该技术在现代低碳建筑设计中的应用。

关键词：传统民居 生态适宜技术 低碳建筑

一、引言

随着现代化建设的快速发展，建筑能耗和节能减排成为人们日益关注的问题。本文从传统民居建筑技术中挖掘出"生态适宜技术"，它是从经济技术选择的合理性出发，充分考虑适宜性、高效性和生态性的一种低碳、环保、节能的技术。该技术随着时代的变化而不断进步，在不同地域环境通过建筑自然通风组织、天然采光和建筑材料的选择等优化组合，达到低碳节能、生态的效果，创造适宜人生存的环境。我国建筑设计现状存在许多问题，例如空调、采暖设备取代传统的自然通风降温、节能采暖技术，消耗大量电能；由于用地限制和设计缺陷，建筑本身产生了许多暗房间，使得人工采光代替自然采光，造成不必要的资源浪费；对现代建筑材料的过度开发与利用，忽视乡土材料的生态环保优势，造成资源短缺和浪费。近年来，建筑节能、低碳城市、生态环境越来越引起人们的重视，研究传统民居"生态适宜技术"在现代低碳建筑设计中的应用与创新具有十分重要的意义。

---

① 于红霞，青岛理工大学建筑学院，副教授。
② 张杰、王德帅，青岛理工大学建筑学院，研究生。

二、传统民居生态适宜技术的应用

（一）自然通风的组织

传统民居中，确保建筑中的良好自然通风非常重要，尤其是在南方夏季炎热的气候条件，通过对建筑布局和环境设计，可以享受到舒适的自然风，经济适用、生态环保。通常有小天井拔风效应、院落组织穿堂风、冷巷热压通风等。

小天井在传统民居建筑中很普遍，主要在气候炎热的南方地区，由于地区夏季气候特征是高温、高湿、静风，通过小天井具有的拔风效应来解决大进深房间的通风问题。新鲜空气通过门窗进入室内，促进室内热空气从小天井中排出，最终达到良好的通风效果，如重庆酉阳龙潭古镇民居天井（图1）。小天井在现代住宅设计中也有很多运用，达到了很好的自然通风效果，做到了低碳节能，例如，万科第五园住宅天井（图2）。

传统民居通过院落和室内空间的高低错落来组织室内穿堂风，院落内的院墙与建筑互相遮挡，可以避免太阳直射，形成阴影，使院落内空气温度降低。院内空气冷热不均匀，形成纵向对流，达到拔风效果，促进室内空气的流动，形成穿堂风保持室内外良好的通风效果，这种院落一直沿用至今。传统民居的外部环境中常有一些巷道，走在这些狭窄的巷道中，会让人感受阵阵凉风袭来，它是利用高墙与窄巷的组合，青石铺就的小道，使得巷内空间太阳光照减少，太阳辐射减小，形成内外温差。并且由于巷道截面较小，增大风速，降低风压，形成冷巷效应，与冷巷接通的各房间较热的空气就会被带出冷巷，较冷空气就会进入补充，达到循环通风效果，如重庆酉阳龙潭古镇古巷（图3）。冷巷同样被运用到现代住宅设计中，例如万科第五园冷巷（图4）。

（二）天然采光的设计

传统民居在选址的时候十分重视建筑的朝向及周围的环境，选择好的朝向和营造好的环境来取得良好的采光效果。通过高低错落的室内空间环境来组织不同功能空间，通过院落、天井设计来满

图1 重庆酉阳龙潭古镇民居 （图片来源：网络）　图2 万科第五园住宅天井 （图片来源：网络）　图3 重庆酉阳龙潭古镇古巷 （图片来源：网络）　图4 万科第五园冷巷 （图片来源：网络）

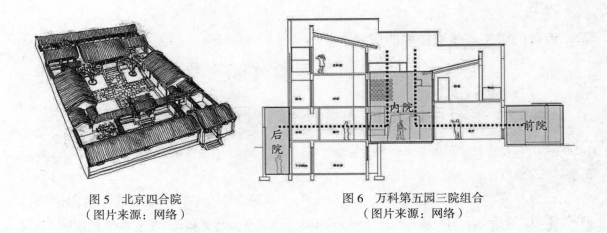

图 5　北京四合院　　　　　　　　图 6　万科第五园三院组合
（图片来源：网络）　　　　　　　（图片来源：网络）

足建筑内部的采光需求。传统民居建筑选址与朝向，可以用"背山面水朝阳"来概括，以获取良好的采光和日照，现代住宅沿用了坐北朝南的理论。北京四合院（图 5）是我国传统民居中院落的典型代表，在北方纬度高，日照要求高，冬天室内阴冷，内院可以很好地解决大进深房间的采光效果。现代居住建筑设计中采用多个院落组合的形式，来争取采光，例如万科第五园三院（图 6）。它利用前院、内院、后院使得住宅内所有房间都能够有良好的采光，同时也达到了良好的室内通风效果，提高了住宅的品质。

（三）乡土材料的选择

　　传统民居在地方建筑材料方面的巧妙运用及其独特的建造工艺，使建筑材料质感、色彩与环境完美融合。利用当地的乡土材料既减少建筑建设过程中的劳动量，节约了运输成本，形成具有地域特色的建筑风格和文化。例如，吊脚楼均就地取材，充分利用当地丰富的土、木、石、竹等自然资源，以木材作建筑的主体框架结构，木构上的油料即是利用天然漆或用柴火熬制的桐油涂覆于表面，既朴实无华，又起到防潮、防腐、防蛀等保护作用。传统夯土墙和石砌墙技术也是就地取材，其施工过程乃至建筑物拆除对自然环境的负面影响很小[1]。藏族民居（图 7）外墙面装饰用当地白土制成的泥浆涂刷，不采用工业化生产的建筑涂料和面砖，既保护了藏族传统技术，又减少了使用红砖对耕地和森林的破坏。此工艺为当地藏族建筑的传统技术，不对环境造成任何污染，且造价低廉，易于维护，还保留了当地藏族传统建筑墙面特有的颜色和肌理。

　　宁波博物馆（图 8）在现代建筑乡土材料的运用方面是一个典范，在材料上采用的"新乡土主义"风格，在设计中使用大量地方材料，表现出因地制宜的特色。墙体采用宁波地区特有的瓦片墙形式，采用青砖、龙骨砖、瓦、打碎的缸片等宁波旧城改造时遗留下来的旧物，这正好使得博物馆建筑在整体风格上与当地的风土环境相协调，具有浓郁的乡土风味，也使宁波博物馆有别于其他博物馆。宁波博物馆运用废旧材料，其中不少材料的历史十分悠久，甚至有部分是汉晋时代的古砖，这样更能拉近与历史的距离。除了瓦片墙之外，墙体还有毛竹模板嵌入混凝土所形成竹子的纹理，体现了江南的自然情调。相比于其他材料，砖瓦、毛竹更加环保、自然、节约，更能体现宁波的乡土气息。

图 7　藏族民居
（图片来源：网络）　　　　　　　　　图 8　宁波博物馆
（图片来源：网络）

三、传统民居生态适宜技术在现代低碳建筑设计中的创新与发展

（一）从传统天井和亮瓦到现代中庭的转变

传统民居的天井既能促进室内的通风效果，又能增加室内的采光。在一些传统民居中，为了解决房间进深过大，房檐出檐大而造成采光不足的问题，在建筑顶层恰当的位置，用一种透明材料做成普通瓦大小的亮瓦（图 9）或者是用一种较厚的塑料纸，增加室内的天然采光，满足室内采光要求。这种传统的设计方法已经演变成现代的中庭，顶上盖有可开启玻璃天窗（图 10），不仅改善天然采光通风效果，而且可以阻挡雨雪。通过玻璃天窗开启角度的随意调整，可以有效地控制通风和采光量，只要天气晴好，白天不用人工照明就可以满足采光要求，有效地节省了能耗。

（二）从夯土墙到草砖墙的转变

以前的传统民居中，有很多是由夯土墙建造而成的，往往由于遮风挡雨的措施做得不好，导致墙体受潮受损。经过研究发现，草砖能很好地代替夯土墙，充分利用了废弃的可再生资源：稻草和麦秸。所不同的是，它是利用现代钢筋水泥做承重框架，草砖只做围护结构。利用这种技术，节能降耗，取得了较好的经济效益。而且这种草砖导热系数非常低，可达到 0.113 ~ 0.117W/（m·K），能很大程度地降低建筑采暖能耗节约取暖成本[2]。

（三）从传统的阳光四合院到太阳房的发展

北京四合院是合院的典型代表，它营造了一种围合私密的空间氛围，同时也对北方气候环境进行了周全的考虑，可以抵御风沙和冬季凛冽的北方侵袭。对于四合院大的进深和开间，通过院落的设置很好地组织院内所有房间的自然通风。然而，由于这种合院的设计在土地资源紧缺和多层、高层居多的现代城市中不切实际，迫切需要改善创新。1939 年，在美国麻省理工学院成功诞生了"一号太阳房"，利用太阳能集热器与坡屋顶的结合，使室内采暖自给自足[3]。这种太阳房又分直接受益、

图 9　普通亮瓦
（图片来源：网络）

图 10　玻璃天窗
（图片来源：网络）

图 11　阳光间
（图片来源：网络）

蓄热墙、蓄热屋顶和阳光间等（图 11），通过建筑朝向和周围环境的合理布置，使冬季能充分吸收太阳能，给室内采暖，而在夏季的时候又能遮蔽太阳能辐射，疏散室内热量，达到室内降温的目的。

（四）从吊脚楼到管道送风的创新

土家吊脚楼常建在溪涧、半山腰，利用建筑吊脚和山谷风、水陆风，白天夜晚形成不同的热压通风，有效地组织室内的穿堂风，保持夏季室内的凉爽，这是传统民居通风技术的完美体现。如今，在传统民居通风技术的启发之下，许多通风新技术应运而生，例如，上海生态示范楼利用管道送风给室内引入自然风。所谓管道送风，就是在地下约 2 米深处埋设通风管道，一头伸出到室内，另一头放在建筑外的旷地。室内热空气从下往上运动，从屋顶通风孔逸出，对地下管道形成拔风效果。夏季，室外的热风经过管道时，经管道外湿冷的泥土和恒温地下水的不断降温过滤之后，成为新鲜冷空气输送到室内，促进室内的空气循环和夏季降温。

四、总结

传统民居是古老中国人民的智慧与劳动的结晶，也最能体现生态适宜技术。然而，随着时代的进步与发展，以前的适宜技术需要不断创新才能适应现代社会生活需求，这方面的研究将是一个持续发展的过程。新时代的建筑设计，一方面要充分挖掘传统的生态适宜技术的优势，通过对传统技术的创新与发展，实现自然环境的自我循环调节，减少人工机械送风、人工采光和采暖设备的运用；另一方面，乡土材料与现代西方高技、新型节能材料的合理利用，尽量减少建设过程中的灰色成本、污染浪费，坚持生态低碳、节能环保和可持续发展的原则，创造生态宜居的生活环境。

参考文献

[1] 张丹，毕迎春，张怡.吊脚楼特征及其生态技术初探 [J]. 东北林业大学，2010.

[2] 梁锐，张群，刘加平.西北乡村民居适宜性生态建筑技术实践研究 [J]，2010.

[3] 陈晓扬.地方性建筑与适宜技术 [M]. 北京：中国建筑工业出版社，2007.

1.8 乡土建筑营造尺法与体系的研究意义
——兼论从营造尺度的构成规律来探讨地域营造技艺传承与传播的思路与方法[①]

刘 成[②] 李 浈[③]

摘要： 建筑的尺度是决定建筑形式的基本因素，也是营造过程中首要构成。营造尺法的体系不仅包括尺系的构成，还包括传统营造中的技艺细节及其规律。传统营造的尺法构成，则体现在尺长的选择、开间进深的确定、房屋构架设计、屋面坡度设计、布局模式等多方面。就传统的营造程式而言，由工匠根据业主的要求确定房屋的规模，然后通过一定的尺度法则进行建筑的营造，体现着"人（工匠）—法（营造技艺）—物（乡土建筑）"的营造关联过程。本文构思的研究方法，拟从营造的本体出发，通过对工匠的访谈和对营造技艺的总结，深度解析乡土建筑营造的实质，推进对乡土建筑营造技艺和形制构成的认知深度。

关键词： 营造尺法 工匠主体 乡土建筑

立足于自然条件和人文习俗、采用传统经验、运用当地材料和简便易行的低技术手段是中国传统营造技术的突出特点。而其中作为建筑学科基础的空间尺度营造则是建筑设计、施工的准绳，直接体现着建筑营造的方法及思想。随着历史建筑遗产保护工作的逐步深入、传统营造技术研究的深化，传统营造思想在建筑实践中的地位在不断提升。这也就对从事传统建筑保护工作的建筑师提出了更加严格的要求，同时也是建筑历史与理论学科发展的方向。

---

① 国家自然科学基金资助课题，编号 51078277，51378357。
② 刘成，1984 年出生，男，同济大学建筑与城市规划学院，博士研究生。
③ 李浈，1969 年出生，男，同济大学建筑与城市规划学院，教授。

一、匠者——营造技艺传承之本真

在传统农耕文化环境之下，工匠在营造活动有举足轻重的
作用。一个地域的尺度使用方式，匠师的帮派和约定俗成的营
造风俗，师徒相沿的加工和建造习惯（我们称之为"手风"），
很大程度决定和制约着传统建筑的形制和风格。本文提出的，
就是从营造活动的主体——工匠出发，通过对其营造技术的系
统化梳理进而达到对营造技术传承本真的研究目的，最终深刻
了解乡土建筑的本体。

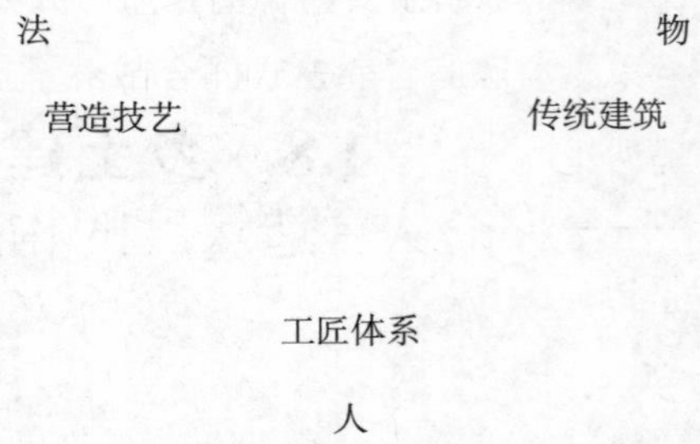

法　　　　　　　　　　物
营造技艺　　　　　传统建筑

工匠体系

人

图1　传统营造体系框架

同一地区的营造传统明显呈现着持续、一致、稳定的传承
特质，即在传统社会中人们会一代代传承其社会和个人生活、艺术和工艺等形式。而负责营造建筑的
匠师，必然会在传统社会中扮演着传承营造技艺的重要角色。他们"运用师承的既有建筑造型、空
间组织规则，以及构筑方法，来支持人们的生活，因而他们采用传统社会中既有的建筑程序，确保
他们与社会、建筑与聚落形式和谐地共同运作，提供反应整个社会和成员需求的场所"[①]。在传统建
筑的营造过程中，工匠特别是技艺超群的匠师，扮演着工程的主持者的角色。匠师的独特地位使得
一些地方得以保持一整套完整的建筑营造程序和方法。这些传承下来的口述史料和记载地方民间建
筑营造的文字图样，还配以大量民间禁忌和营造术语等，强化了同一地区内部乡土建筑类型的持续性、
一致性、稳定性和独特性。因此，着眼于工匠视角对营造尺法体系的建立是最能准确反映地域建筑
类型营造技术特征的途径之一。

二、尺度——传统营造匠意之冲要

（一）营造尺法

一座古代建筑往往由成百上千，乃至上万个建筑构件组成。这样的建筑从设计到施工必须要以某
种既定的尺度系统为依据进行展开。从这一点推测，我国古代建筑均有其自己的营造尺度系统。而
对于尺度系统的考察，依靠单一对实物的研究是远远不够的，从多角度定性、定量的深入展开是不
可缺少的途径。乡土建筑不如许多大式建筑复杂，同时成系统化的技术理论也相对缺乏，少见诸世
但工匠在营造过程中则遵照其师承的营造技艺并以当地的传统习俗为依据。其中包括大量关于尺度
及形制确定的规矩、习惯做法以及常用的尺寸数据。这些构成了工匠营造建筑的营造尺法，它以其
一定程式化的法则规范着传统建筑的营造过程，进而形成了一定地域范围内建筑类型特征的一致性。
同时，通过对大量建筑遗存的实体测绘与数据分析，为工匠口头的营造尺法提供了佐证，也对尺法
体系的建立提供了可供量化实物的依据。

建筑营造尺法研究的系统化，包括传统技术手法和研究的建筑实物等方面的理论化，给传统营

[①]　Wilson,C. B. "Not Exactly Cold... More Achitectural : on Architecture, and rhetoric"，"Architect and Community : tranditional
processes and modern products" 转引自余英 . 中国东南系建筑区系类型研究 . 北京：中国建筑工业出版社，2001.12：306.

造方式予以较为完整的体系，以达到技术和理论的对接。从现代建筑设计的角度看，尺度控制体系包括平面尺度、立面尺度和剖面尺度几个主要方面。基于传统建筑的基本特点，对其营造尺度的研究划分为平面尺度和竖向尺度两大基本方面，具体则包括：开间、进深、层高、柱高、屋面坡度、庭院尺寸等具体指标。营造尺度的控制还有一个重要方面即是传统习俗和风水观念的影响，其中"压白尺法"至少是在南中国地区广泛取用的尺寸设计方法。

（二）营造尺的系统

营造尺的研究与营造尺度和尺法的研究直接相关，它主要包括历代及各地域的营造尺尺长、尺制和用法的解释。营造尺的研究除尺制和尺长的研究，近代保存下来的风水理论和民间的营造法式对于传统建筑营造具有更为重要的价值。

1. 尺制

概括地讲，与营造活动直接相关的用尺主要有曲尺和鲁班（真）尺两大系统，两种营造用尺在许多地区的称谓不同，如表1部分地区营造用尺称谓。

部分地区营造用尺称谓 表 1

地区	曲尺称谓	鲁班尺称谓	五尺称谓	丈竿称谓
四川地区	拐尺	门今尺、门精尺、	鲁班尺	—
重庆地区	鲁班尺	门真尺、八卦门尺	—	—
湖北地区	角尺	量门尺、门公尺	鲁班尺	托篙
湖南地区	角尺、公平尺	量门天尺	—	—
江西地区	角尺	门光尺、门官尺、门广尺	鲁班尺、	水尺
浙江地区	鲁班尺	—	—	—

曲尺，或称矩尺，为十进制系统，一般认为相当于历代日常用尺，即为官尺尺制。但从大量的调查中发现，民间普遍采用地方营造尺制进行乡土建筑的营造，尤其在中国南方范围内官尺系统的影响微乎其微。同时曲尺通过压白尺法具有择吉的风水功能，这一点几乎在大部分中国南方地区已经得到了公认。曲尺之长，也即营造尺之长，它在地域分布上呈现一定的规律，影响到地域建筑的构成和形制。

鲁班尺，为八进制，多用于量门、测定吉凶。其最早记载见于南宋的《事林广记》，《鲁班经》中也有关于鲁班尺的记载。在营造实践中鲁班尺多用来检测开门尺寸的吉凶。在做门时，以鲁班尺量取其门洞的高宽，并按照其尺寸所落的字论定门的吉凶。

在建筑营造中鲁班尺常与曲尺结合使用。乡土建筑营造若独立使用曲尺，则多以1、6、8为吉值；若将曲尺与鲁班尺结合使用时，则以曲尺1、6、8或者2、9为吉值与鲁班尺第1寸（财）、第8寸（吉）结合确定建筑尺寸。在长江流域范围内大量的田野调查中，这种尺法仍被现在的乡土建筑营造工匠所使用。在不同的地区里，这种尺寸吉值虽大体上在此范围内，但大多已经有所简化，并呈现着独特的地域化特征。

2. 尺长

现阶段普遍通行的公制长度单位是1959年6月国务院颁布的基本计量制度之一。其优点不仅在于单位的统一，而且全球通行，并长久有效。但是在漫长的历史岁月中，我国不同时代、不同地区，尺度长度量值却是在不断变化的。为了满足不同的用途又存在着长度等级和进位的不同关系。由此，今天的度量标准与古代度量有着完全不同的内涵，表达不了各个时期独特的建筑营造思想、施工方法和意义。尤其无法准确直观地表明古代建筑营造尺度体系和权衡比例的关系。因此，本文的尺法研究以地方营造尺长作为中介，对建筑数据进行尺度换算、尺度统一的工作，以求可以较为明晰地展现传统营造法则与思想。

3. 尺法

当今的传统工匠限于知识水平有限，而且经历"除四旧"的改革断代，使得传统技术及营造习俗已流传很少。从传统科学分类上看，营造尺的尺长和尺制往往结合起来研究，属于科学技术史中度量衡史的内容。营造尺的尺法是古建筑设计和施工中的用尺方法，属于古建筑营造法式的研究内容。从设计技术的角度来看，营造尺法是古建筑尺度规律研究的核心内容。

即便是在现代建筑管理制度下进行的传统建筑营造活动中，由于大量的工匠群体还是在传统的师徒相传的制度下学成手艺，对于新公制尺度体系而言总是觉得不自然，因此民间依然活跃着的大量的匠作主力军，他们依据旧尺系统交流协作。而尺法体系是人们为营造匠作而创造的，匠作的主体是掌握着匠作技艺的工匠们。工匠创造了适合当地实践要求的营造尺度体系，有基于此种体系下培养了一代又一代的建筑工匠，并把这种体系固化在已有的体系之中，成为工匠群体的营造"惯习"[①]。

三、尺法——乡土建筑营造之系统

以往对中国古代建筑尺度体系的研究中，存在着几种代表性的观点：材分控制、比例控制、整数尺寸控制，这些观点多针对的是大式建筑。从对《营造法式》的研究中，可以看出"材分制"虽然只规定了部分构件规格的分数，没有明确规定关于房屋的间广、椽架平长、柱高等的分数，但木构架及小构件（如斗栱）的尺寸受材分制约，在从唐代以来的实例中即可以得到验证。而清《营造则例》中明确地总结了清代官式建筑构件尺度的规定，其中大式以斗口为各构件的尺度标准，而小式以檐柱柱径为各个构件的尺度标准。事实上它也仅仅限于京畿地区，到山西、山东等地似乎受约束的程度就小得多了。

相对于官式营造尺法的原则，乡土建筑的营造体现出了更大的灵活性和自由度。相对于"材分制"而言，民间建筑的尺度营造最看重的是材料的情况，有着"以材为祖"的倾向。相对于以往我们认识的古建筑中的整数尺开间，在广泛的乡土建筑营造中很少有见到与之吻合的情况。乡土建筑往往与官式、大式建筑区别甚大，其营造利用各地的曲尺、风水尺，运用不同的风水尺法，选取适用于不同地域的营造尺度。

乡土建筑营造尺度的内容受到其具体功能的影响。首先需要满足的是技术的需要，根据有限的材料满足居住目的，工匠多有"紧着料子做"的说法，乡土建筑营造的主要目的不像官式建筑那样追求宏伟气派的精神场面和整齐美观的视觉效果，而更多利用有限的条件来达到适于人居的简单目的，因地制宜、以材为祖，把经济、适用作为最基本的出发点。

---

① 杨立峰．匠作·匠场·手风——镇南"一颗印"民居大木作匠作调查研究．同济大学博士论文，2005，12：173．

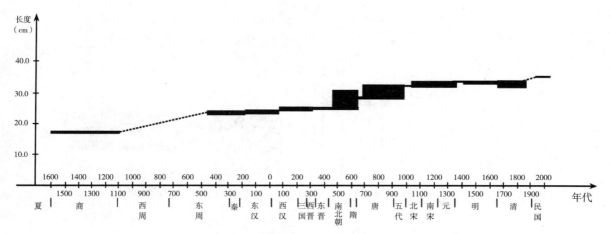

图2 历史营造尺长变化趋势图

图3 长江流域各地发现营造尺长分布图

　　如巴蜀地区，现存的乡土建筑以清代修建居多，已知的清代官方营造尺制为32.0cm，而实地调研中发现多数工匠中仍流传着的传统营造尺则多为33.9~34.0cm，同时这一类工匠群体依然采用着传统的营造方法和尺度系统进行着乡土建筑的营造，而对官尺却知之甚少。根据李浈教授对江南地区传统建筑的调研发现，江南乡土建筑多使用地方尺法，甚至影响到官式建筑，其对苏州玄妙观三清殿、上海真元寺大殿等宋元时期的建筑进行的地方尺法复原，可以明显看出官式建筑的整数尺开间原则 [1]。

　　以往的研究中有对巴蜀地区的乡土建筑使用的是清代官尺进行复原，如重庆大学的蒋家龙和郑舸曾经撰文以清尺复原双江镇的杨尚昆旧居 [2]。由于考虑手工测绘数据及房屋年久变形等因素的误差，对测绘数据进行微调，进而使得其复原结果所得开间尺寸均以整尺、半尺和1/4尺见常，得出以整数尺为设计原则和以1/8清尺为最小模数的探讨。其研究对测量数据进行的主观且无可靠依据的修

　　① 李浈.中国传统建筑木作工具.上海：同济大学出版社，2004,1：232-234.
　　② 蒋家龙，邓舸.以清尺为单位对重庆市潼南县双江镇杨尚昆旧居平面尺寸的复原研究.古建筑施工修缮与维护加固技术交流研讨会，2008.

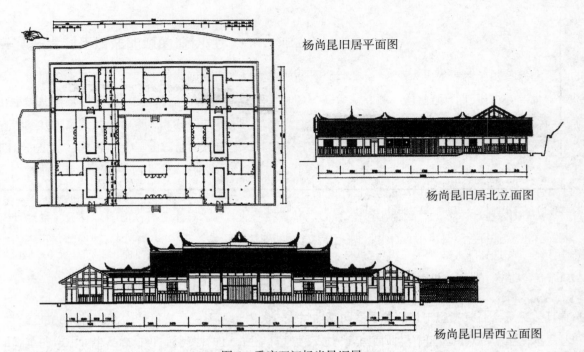

杨尚昆旧居平面图

杨尚昆旧居北立面图

杨尚昆旧居西立面图

图4 重庆双江杨尚昆旧居
（引自蒋家龙"以清尺为单位对重庆市潼南县双江镇杨尚昆旧居平面尺寸的复原研究"）

改首先就使得其结论的可信度令人怀疑。另外其结论也并没能从大量年长工匠的营造经验中得到证实。因此笔者选用其测绘之原始数据进行折算以使得结论尽量趋近于真实。另外，以当地地方营造尺33.9cm为单位对其进行复原，其结果与当地工匠所传承的营造尺法进行对比分析。如表所示：

重庆双江杨尚昆旧居北立面开间尺寸表 表2

位置	东三间			中三间			西三间			
尺制	左次	明间	右次	左次	明间	右次	左次	明间	右次	总尺寸
公制/cm	3700	4100	3700	4400	4700	4400	3500	4000	3500	36000
清尺/32.0	11.6	12.8	11.6	13.8	14.7	13.8	10.9	12.5	10.9	112.5
地方尺/33.9	10.8	12.0	10.8	130.0	13.8	13.0	10.3	11.8	10.3	105.8

重庆双江杨尚昆旧居西立面开间尺寸表 表3

位置	正堂				
尺制	北稍间	北次间	明间	南次间	南稍间
公制/cm	5020	5350	6000	5350	5020
清尺/32.0	15.7	16.7	18.8	16.7	15.7
地方尺/33.9	14.8	15.8	17.7	15.8	14.8

从以上两表中可以看出若以清尺（32.0cm）对杨尚昆旧居进行尺寸复原，其结果难以证实整尺、半尺开间取值的传统尺法，即便以1/4尺为模数其复原尺寸亦多零散补齐之处，远不足以证明蒋、郑二位的论断。而在以传统地方尺（33.9cm）为制进行尺寸复原则可看出，除北立面西次间和西立面正

间以外，其余尺寸多约以 0 或 8 结尾，与工匠们所遵循的开间尺寸压 8 寸白或是开间取整的传统尺法相合，而正间与次间的开间差值也以 1 尺或 8 寸者出现频率最高。但复原数据中也出现了两例与此尺法不相符者。如北立面西次间复原尺寸为 10.3 尺，其与正间 11.8 尺相差了 1.5 尺，虽然没能按照压 8 尺法取值，但在正次两间差值上选择了以半尺为距，方便了取值计算。另有西立面正间尺寸 17.7 尺与传统尺法不符，但其数值也与压 8 较为接近，可以认为是工匠在营造过程中灵活施用尺法所致；抑或者因其西立面开间尺度较大，受于用料所限从而未能尽用尺法。

从总体上看，相比调整测绘尺寸而得的清尺基本模数观点远不及民间风水压白喜"8"而来得直接明了。以地方尺复原其营造尺寸可以较为准确地证明当地工匠所传承的乡土建筑营造尺法。这也证明了乡土建筑的尺度营造中往往不像官式建筑那样以整数尺开间及半尺、1/4 尺的基本模数为原则，而更多的就用地条件、在工匠经验尺度的范围内确定尺度规模。在具体的尺寸设计上，工匠往往"因材而用"，依据各地"惯习"采取压寸白的风水尺法取值。

四、意义——传统营造之新角审视

以工匠视角的尺度营造为出发点对中国传统建筑的研究是对建筑史学领域的再一次丰富。"形而下者谓之器、形而上者谓之道"。由营造工具到营造技术、从建筑实体到建筑理论，正是从"器"升华为"道"的研究过程。

传统营造技术思想——即营造匠意，当前面临断代、消亡的危机。通过对古代文献中相关记载的梳理以及不同地域传统营造原则、思想的合理组织和记录，可以保存尽可能多的重要信息，对保护和传承营造技术有重大意义。

营造"匠意"和"匠技"是中国传统文化的组成部分之一，崇尚自然、简单易行、经济适用是几千年传统工匠智慧的结晶。对其完整记录和保护，甚至复原和应用，是传统文化复兴的有机环节。在传统建筑遗产全面保护的当今社会背景下，应该尽可能保留更多设计思想的作用因素（匠意），以期更好地体现建筑遗产保护的真实性原则。

五、思路——突破建筑本身并兼顾地域差异之整体性考量

以上的研究，是一个系统化的艰巨工程。需依据文献资料和前人的研究成果进行相应研究框架的建立，并采取多种方式，广泛获得实体信息，包括准确可靠的数据资料以及文献之外依靠师承关系得以保留下来的营造制度相关信息，还需综合多方面信息进行尺度营造制度的系统化总结，等等。中国自古以来"重仕轻匠"，流传至今的古代营造典籍甚少。被建筑史界奉为圭臬的《营造法式》、《工部工程作法则例》等典籍也往往局限于官式建筑作法，少有涉及民间乡土建筑者。而传统营造技术手法依靠民间匠师口耳相传，至今在民间尚可寻觅。借助"活着"的营造方法与典籍中的营造技术进行对比，同时辨析民间营造与官式营造的源流影响，可以使得传统建筑营造体系更为完善与系统。

近年的研究和调查表明，中国传统建筑尺度营造方法似有一定的传承线索，然而中国幅员辽阔，各地传统建筑形制差异明显，但从历史脉络中认识中国传统营造技术无异于一叶障目。因此，通过各地不同地域传统营造手法的系统总结，进而归纳不同地域的营造流派的分布与影响范围，划清匠

域流派脉络是探清建筑形式产生主体的源流，这是地域性营造技术研究的必备环节，也是目前相关研究存在的空缺领域。

六、目标——走向系统性的地域营造技艺整体

借助工匠和匠帮的研究以及营造技艺的分析比对总结，最终仍是解决宏观领域营造技艺的系统性问题。具体则包括史料记载及各地方现存营造尺制、尺度工具使用制度以及风水用尺制度的复原；不同时期、不同地域传统建筑营造技术条件下空间尺度的确定规则（包括平面尺度确定、空间尺度确定、结构性能构件尺寸的选定等）；地域建筑营造流派的营造方法（包括设计方法、施工规则等）及分布情况（主要为各地方匠帮的影响范围、交互作用情况等）；当下建筑遗产保护实践中尺度营造体系的规范化及其调适，等等。

参考文献

[1] 明鲁般营造正式 . 天一阁藏本 . 上海：上海科学技术出版社，1988，3.

[2] 图绘鲁班经 . 上海：鸿文出版社，1936，9.

[3] 王其亨 . 风水理论研究 . 天津：天津大学出版社，1993.

[4] 程建军，孔尚朴 . 风水与建筑 . 南昌：江西科学技术出版社，2005.

[5] 李浈 . 中国传统建筑木作工具 . 上海：同济大学出版社，2004，1.

[6] 余英 . 中国东南系建筑区系类型研究 . 北京：中国建筑工业出版社，2001，12.

[7] 朱光亚 . 中国古代建筑区划与谱系研究初探 . 中国传统民居营造与技术 . 广州：华南理工大学出版社，2002.

[8] 杨立峰 . 匠作·匠场·手风——镇南"一颗印"民居大木作匠作调查研究 . 同济大学博士论文，2005，12.

[9] 李浈 . 中国传统建筑形制与工艺第二版 . 上海：同济大学出版社，2010.

[10] 李浈 . 官尺·营造尺·鲁班尺——古代建筑实践中用尺制度初探 . 建筑师，2009（1）.

1.9　探秘鸳鸯尺

王仲奋

摘要：依据典籍史志记载，通过实地调查考证，发现北京皇家坛庙的坛台建筑（天坛称"圜丘"，地坛称"方丘"，通称"拜台"）采用的都是神秘的"鸳鸯尺"，而非普通营造尺。本文将解读鸳鸯尺的真实含义、应用，并简介探秘验证鸳鸯尺的历程。

关键词：坛台建筑　周尺　鲁班尺　营造尺　鸳鸯尺

尺是长度单位，又是量取长度的器具、丈量工具的名称。我国古时候以黍粒定尺之长度标准，以草棍、手、足为丈量工具；后来，又发展为用藤皮、竹、木、铜、钢等材料制作尺具，通称"尺子"。它具有时代性、地域性、神秘性。尺子的长度单位——尺的实际长度，在不同时代、不同地域不尽相同（有 10 寸为 1 尺，有 8 寸为 1 尺；有 1 尺 = 10 多厘米、20 多厘米、30 多厘米，甚至 40 多厘米），名称称谓也不相同，如布帛尺、三元尺、木工尺、角尺、曲尺、门尺、紫白尺、鲁班尺、营造尺、工部尺、淮尺、浙尺、玄女尺、丁兰尺、阴阳尺、市尺、公尺等；此外，还有一种更特殊、更神秘的营造用尺，谓之"鸳鸯尺"。

一、鸳鸯尺的含义

"鸳鸯"是雌雄偶居永不分离的"匹鸟"，民间喻之为"配偶"，又泛指成双成对。鸳鸯尺由此引申而来。鸳鸯是有形的实体动物，但"鸳鸯尺"并不是看得见摸得着的有形的实体尺，而是喻义的、虚拟的形象尺；它没有长度概念，只象征在同一建筑物上，高和长宽方向各用了两种不相同的尺制，即采用双尺制（高度用古之周尺，方广用今之营造尺），喻义是成双成对的鸳鸯，故雅称其"鸳鸯尺"。

二、鸳鸯尺的应用

鸳鸯尺的应用等级地位很高，从目前考证资料看，它只应用于皇家坛庙的主建筑——祭祀坛台，如天坛的圜丘、地坛的方丘、其他坛庙的拜台。坛庙的其他建筑及帝王观耕籍田（皇上在先农坛的"一亩三分地"）的观耕台等，均不属此列。

三、鸳鸯尺的探秘考证

（一）鸳鸯尺的现状

鸳鸯尺虽是皇家坛庙建筑中一种神秘特殊的用尺，地位等级很高，因其应用范畴和工种所限（仅是石作匠师的专业用语，不被官方重视，不入文献史料），鲜为人知。1911年辛亥革命推翻了封建王朝，废除了皇家典仪制度，坛台建筑被拆毁、被改作他用或荒芜百年弃修。曾参与百年前坛台修缮的老石匠，也都带着鸳鸯尺的秘密先后离开人间，鸳鸯尺随之失传。目前已是既无官方文字记载，又无民间故事流传的局面。

（二）一粒火花 "地坛有鸳鸯尺"

1981年，北京市园林局拨人民币66万元，对已是面貌全非的北京地坛方丘，进行修复。承接施工的房山石窝村调来了近百人的施工队伍，老丁师傅（六十多岁，人们都称他 "老丁头"）是技术总负责人，我当时是甲方代表。一天，与师傅们聊天，老丁头对我说："我听师父说过'地坛有鸳鸯尺'，你可找找在哪里！" 我忙问："是地坛藏有鸳鸯尺？还是地坛用的是鸳鸯尺？是什么样的尺？" 老丁头说："师父没有细说，我当时年轻也没想到细问，也不知是什么样。" 我马上说："你什么时候回石窝？我同您一起去，仔细问问您师父，究竟是什么意思。" 老丁头说："早就不在世了！" 我又问："那别的老师傅还有没有知道的？" 老丁头说："不可能有了"。老丁头的 "地坛有鸳鸯尺" 这粒火花，照亮我十多年的探秘之路。开始，是在地坛各建筑中寻找实物和文字记注，拜访曾在北京老营造作坊工作的孙永林、管凤山等老师傅和古建专家，均无收获。

1986年，我对北京地坛所有建筑进行实测调查时，意外发现方丘的实际高度与史料记载尺寸相差近1/3。据明《嘉靖祀典》、清《皇朝通典》、《日下旧闻考》、《天府广记》、《震垣识略》等古籍史志记载，都是 "方泽坛（方丘）……制二成（层），一成（上层）面方六丈，高六尺；二成（下层）面方十丈六尺，高六尺。" 明清时期的营造尺，1尺合公制32厘米，6尺应是32厘米 × 6 = 192厘米，而实际高度（台沿高）仅为128厘米，低约1/3。长宽的实际尺寸和其他建筑一样，用营造尺折合都与史志记载的尺寸基本相符。我立刻推测这可能与老丁师傅所说的 "鸳鸯尺" 有关。

（三）查找文献进行解密

首先，在国子监首都图书馆古籍部查到《天坛明清建筑大事年表》一书中，有 "圜丘坛高用古尺，余用今尺。" 之注记，说明天坛圜丘用了古今两种不同的尺。

几年后，又在国家图书馆的前身，原北京图书馆柏林寺藏书馆中找到两处文字依据：

1.《大明会典钞（抄）略》中有记载："方泽坛二成，一成面方六丈，高六尺，二成面方十丈六尺，高六尺。坛高用周尺，余用今尺。"

2.清康熙四十一年六月手写本《太常纪要》中也有注记："方泽……以上高用周尺，余为今营造尺。"

这两处注记，说明地坛的坛台建筑也和天坛圜丘一样是用了两种尺制，而且明确了用的古尺是周尺，今尺是明清时期的营造尺，但并没有提及鸳鸯尺。

（四）进行实地调查全面印证

1. 天坛圜丘

据《明嘉靖祀典》记载："圜丘第一成……高九尺……二成、三成俱高八尺一寸"。按营造尺（32厘米）折合应分别为288厘米、259厘米、259厘米，按周尺（23.1厘米）折合应分别为208厘米、187厘米、187厘米；而现存圜丘的实际高度分别为188厘米（合营造尺5.9尺、周尺8.1尺），164厘米（合营造尺5.1尺、周尺7.1尺），162厘米（合营造尺5尺六分、周尺7尺）。三者对比：实际尺寸与营造尺对比约低1/3，与周大尺对比约低1/10。这1/10的差，可能是因为台面的泛水（或修缮）造成的误差。圜丘坛的中心石与边沿约有15～20厘米的泛水，若在丈量坛台边沿的实际高度后再加10～20厘米的泛水，则与周尺的误差就可忽略不计。由此可见，天坛圜丘的高度所使用的古尺应是周尺。

2. 地坛方丘

据《大明会典钞略》、《太常纪要》的记载中已注明高用周尺，方广用今营造尺。实际与史志记载相符。

3. 社稷坛坛台

坛台二成均已拆除重修，尚未修复，无法考证其原高。

4. 日坛

史料载：坛一成，高五尺九寸。现有坛台的实际高度是189厘米（合营造尺5.9尺、周尺8.2尺）。因为明清时期日坛的坛台已毁于20世纪五六十年代，现有坛台是80年代以史志记载之高五尺九寸为据，按每尺32厘米的明清营造尺折合重建的，故其高度与营造尺五尺九寸完全相符，却比周尺增高了约1/3，九级台阶的高度各为21厘米，也比正常尺寸增高了约1/3。形成总体比例失调，说明日坛原有坛台的高度采用的也是周尺。

5. 先农坛坛台

《明史·礼志》载："嘉靖中建先农坛，高五尺，广五丈"；而《春明梦余录》、《天府广记》、《宸垣识略》、《明会典》、《清会典》等载："先农坛永乐中建，南向，制方一成，石包砖砌，方广四丈七尺，高四尺五寸，四出陛，各八级"。与《明史·礼志》所载不一，原因不详。实际测得高度为129厘米（合营造尺4尺、周尺5.6尺），相比之下接近周尺，应该说其高也是使用周尺。①

6. 先农坛观耕台

《大清会典》载："先农坛东南观耕台，方广五丈，高五尺，面甃金甎，四围黄绿琉璃，东南西三出陛，各八级，绕以白石栏柱。"又［按］："观耕台旧制以木为之，乾隆十九年奉旨改用甎石，台前左右三出陛，周以石栏"。实测现存之乾隆时所建的观耕台高度为166厘米（合营造尺5.2尺、周尺7.2尺），接近营造尺，与周尺五尺对比高出约1/3。说明它用的是营造尺，而非周尺。究其原因：观耕台是帝王坐观

---

① 笔者质疑先农坛高五尺和四尺五寸的记载均可能有误。因为日坛与先农坛同为中祀级的坛庙，从祀礼制度论，两者不应有9寸～1.4尺的高差。另外先农坛东南的观耕台其高也是五尺，三出陛，各八级。同样，按祀礼制度论先农坛的高度应高于观耕台，不应同高，更不应低于观耕台。

群臣与农民一同耕作，共同播种的场所；而不是祭祀天、地、日、月、社稷、先农、山川等的坛台（神台、拜台、祭坛），故没有采用双尺制。反之说明，采用双尺制的仅是皇家坛庙中的主建筑——坛台。

四、论据综合分析

（一）坛台建筑因何采用双尺制

这个问题文献史料中未见记载，推测其因有二：

1. 遵循《周礼》规制

我国设坛祭祀天地之礼远在夏、商时代就已形成，至周代著于《周礼》成为定制。此后，历朝历代都以《周礼》为宗，进行礼仪活动和完善其礼仪设置；随着礼仪规模等级的提高、建筑材料的更新、对祭坛设施追求的不断提高，对周时所定坛台规制进行升级改造也就顺理成章。如：参加礼仪人数的增加，礼仪规模的扩大，势必展宽场地；施材方面由最初的土台到秦汉以后的砖台、明代的琉璃砖台、清乾隆时的石台面。在升级、改造、扩建中，既不违《周礼》规制，保持礼制传承的严肃、系统、连续；又不影响规模扩大、材质提升，而采取方广方向改换用尺来扩展尺寸，高向仍保留原尺原制的做法。若在扩展方广尺寸的同时也增加高度尺寸，则会带来一些难以解决的问题。例如，坛台的台级数都是采用了奇数的最大数九级，或偶数的最大数八级。因为这两个级数是不可改变的，所以坛台的总高若增加，必须增加每一步台阶的高度。如重建后的日坛坛台，其台级高度每步达21厘米，比正常高度高了1/3，老迈年高的帝王大臣们根本迈不上去。于是，采取了同一建筑中，高度仍以周尺计（保持原高），余用今之营造尺计（扩展方广尺寸）的"双尺制"做法。[①]

2. 妙用数值效应

周大尺比明清时期的营造尺（工部尺）短约1/3。周大尺9尺高的坛台，只相当于明清营造尺6尺高。此处的高9尺和高6尺，其实际高度是一样的，但从文字数值上看，显然9尺比6尺要高昂雄伟得多。推测明清时期改用营造尺时，可能考虑了这一数字效应，而保留坛台的高度仍以周尺计。

（二）鸳鸯尺与双尺制的关系

"鸳鸯"是雌雄偶居永不分离的"匹鸟"，是我国百姓喜爱的吉祥物，民间喻之为"配偶"，如结婚用的被面上、枕头上绣两只鸳鸯鸟，谓之"鸳鸯被"、"鸳鸯枕"；拆散婚姻，谓之"棒打鸳鸯"。后来又引申为成双成对之意。双尺制是两种尺子成双配合，好比鸳鸯鸟，"鸳鸯尺"之称由此意而来。鸳鸯尺是石作匠师对双尺制用尺形象的雅称。

---

① 笔者对北京现存之明清时期各坛庙的坛台进行实地考证后认为：所用周尺应是周后期之"周大尺"（1尺合公制23.1厘米），而非周前期之"周小尺"（1尺合15.8厘米），也非"武王尺"（1尺合18.96厘米）。各坛台的实际高度用周大尺折合，都与史志所记载尺寸基本一致。再则《周礼》著于周末春秋战国时期（或更晚一些），此时的建筑用尺已由周小尺演化至周大尺。《周礼》所定的用尺，必然采用当时流行的周大尺，而不可能再用周小尺。因此，可以确认所用之周尺，应是周大尺。因所存建筑是明清时期所建，所用营造尺应是明清时期的营造尺（1尺合公制32厘米），且与史志记载完全吻合。唐、宋时期的坛台高度已无实物可考，故双尺制始于何时的准确结论尚待进一步考证。

五、结语

（一）明清时期北京皇家坛庙的主建筑——坛台，采用的是双尺制（即高度用古之周大尺，长宽度用的是当今之营造尺），雅称之"鸳鸯尺"。

（二）鸳鸯尺并不是实体尺的尺子名称，而是喻义虚拟的形象尺的名称；是明清时期石作匠师对祭祀坛台建筑所用双尺制的形象雅称，而非官方名称，故在官方文献中尚未发现有鸳鸯尺的记载；祭祀坛台建筑都是砖石活，没有木作匠师参与施工，故木匠师傅中没有鸳鸯尺的概念。

（三）从目前考证看，鸳鸯尺的应用，仅限于皇家坛庙中的主建筑——坛台（祭坛、拜台）部分，其余建筑（包括先农坛的帝王观耕台）均不属此列。

（四）1911年，辛亥革命推翻了封建王朝，废除了皇家典仪祀礼制度，坛台建筑被毁、被改作他用或荒芜百年弃修。曾参加过百年前坛台修缮的老石匠，也都带着鸳鸯尺的秘密先后离开人间，鸳鸯尺随之失传（目前既无文字记载，又无民间流传）。

（五）本调查考证，是笔者受老丁师傅"地坛有鸳鸯尺"一句话的启发，历经十多年多方面、大海捞针式的搜寻考查、反复验证，才又揭开已被淹殁的鸳鸯尺之谜。今天的鸳鸯尺实为复生的"非物质文化遗产"。鸳鸯尺是中国建筑文化、中国用尺文化的奇葩。祈望中华儿女，特别是业内志士，共同弘扬保护，永远传承。

1.10 中国传统厨房研究

王其钧[①]

摘要：中国传统民居中厨房的产生是古代人们生活进步的反映。厨房产生以后，根据不同地区燃料的不同以及不同家庭经济条件的限制，人们烧饭的炉灶也开始多样化。建筑的烟囱与住宅的关系也更加合理化。随着中国人食品的不断多样化，厨房中加工食品的台案也呈现出不同的形式。加工食品的各种工具也不断被革新。更重要的是人们在厨房中设置神龛，祭祀灶神，使中国传统厨房的民俗特色与文化特色更加突出。因而，在中国不同地区、不同民族的住宅中，依照传统，厨房被设置在住宅中的不同的位置。

关键词：历史　传统　建筑文化

食，是人类生存、进化、发展的必要条件。厨房，是人类文明进步、社会发展进程中的重要因素之一。中国人有注重美食的传统。早在先秦时期，《墨子·辞过》、《韩非子·六反》等文献中就有关于"美食"的记载。而美食的加工地点就是厨房。"民以食为天"（《汉书·郦食其传》），对于"衣食住行"这几个人类的生活要素来说，厨房涉及 "食"与"住"两个方面。因此，厨房在中国传统民居中具有重要的地位。人们在营造住宅时，首先就要想到厨房的设计与建造。而在民俗中，每当人们乔迁新居时，其亲戚朋友就会到这家来庆祝，民间称为"燎锅底"，其意思是通过做第一顿饭，用柴火将一口新锅的锅底和新炉灶的火塘给熏黑（图1）。

厨房的建筑设计与中国传统住宅在营造形式上是一致的。厨房的功能设计与中国人的饮食习惯、烹饪手段息息相关。本文就是从建筑历史的角度，通过罗列当时能够对于构成厨房建筑设计产生影响的各种要素，诸如厨房的雏形——炉灶的产生，厨房的历史、演变，厨房辅助设施和器具（烟囱的结构，烹饪工具、台案的使用），厨房在各地民居中的位置以及灶神崇拜、传统厨房构筑、形态等分析，以探讨中国传统厨房文化形成的各种基本因素。传统厨房营造时需要考虑的主要设计元素：

---

① 王其钧 中央美术学院城市设计学院人文社科中心主任，教授，E-mail：qijunwang2001@yahoo.com.cn。

图1 传统烧柴用的厨房　　　　　图2 福建台溪乡光裕堡书京村

加工食品的工作案桌的形式，盥洗、蒸煮事物的贮水容器的形式，油盐酱醋等佐料的容器储存形式，尤其是炉灶的造型形式以及薪柴或煤炭的摆放位置等，这些厨房用具的合理布局以及所有功能性需求对于厨房空间的影响，综合形成了各地传统厨房的常见模式（图2）。

通过上述问题的分析，我们可以对中国传统民居文化有更深层次的知晓，对中国古代住宅设计时，如何让厨房布局、构筑、使用功能更加合理地满足生活需求有更进一步和深刻的了解。

一、厨房的历史

古代厨房的含义，从广（yǎn），尌（shù）声，本义，《说文》释之："庖屋也"。《孟子》始有厨字，是周初名庖，周末名厨也。《仓颉篇》释之：厨主食者也。有关厨房其他记载如：《孟子·梁惠王上》中的：是以君子远庖厨也。张籍《新嫁娘》中的：三日入厨下，洗手作羹汤。厨房亦称：厨下、厨头、厨仓、粮仓、厨帐。主持烹饪的人叫：厨下儿（炊事工）、厨人（厨师）、厨户、厨司、厨子；厨娘（烹调食物的妇女）。操办官食的官和兵叫：长安厨给祠食、厨宰（主持炊事的小吏）、厨兵（炊事兵）、厨役（担任炊事的仆役）。

厨房在中国有着悠久的历史，从大量的考古资料表明，旧石器时代，人们在洞穴、窝棚或台地上的某个位置籍生火堆，环火而坐，烧烤食物。新石器时代，人们围坐火塘，基本用夹砂泥陶、石块作三角支撑以支定釜罐而煮食，还出现了连釜灶，即为夹砂陶釜和陶炉连成一体，这是灶的雏形。原始社会出现了真正意义的灶，这个时期至少就已经在某些居室的一隅安排了有厨房的功能灶区。当时的炊具十分简单，为陶制的鼎（三足两耳的烹饪器）、甑（瓦制煮器）、鬲（空心三足的煮器）、釜（无脚的锅）、罐（汲水器、容器），炉灶有挖的地灶、砌的砖灶和支架的石灶等几种形式。此时，厨房的燃料主要是随手可得薪材。烹调方法是火炙、石燔、汽蒸并重。综合起来讲，这个时期厨房的形式较为粗放简陋，在厨房在设计上没有太多的讲究（图3）。

具体来讲，早期的炊具和灶具是一体的。因此，做饭的地点是可以移动的。这也就是说，厨房还不一定非得和普通房屋分离出来。甗（yǎn）是中国传统的古炊具，以青铜或陶为材料。造型上分为两层，上可蒸、下可煮。这种炊具早在殷商时期就被普遍采用，《周礼·考工记·陶人》记载："甗，实二鬴（fǔ），厚半寸，唇寸，七穿。"清代孙诒让在《正义·八一》解释得更具体："甗，上体为甑（zèn），

图3　珚生簋

图4　灰陶甗

图5　红陶灶

无底；施箪（dān）于中，容十二斗八升。下体如鬲（lì），以承水，陞气于上。古铜甗有存者，大势类此。"就是说，上面像一个没有底的罐子，中间有一个箅子，下面是一个三条空心广腿的容器。由于下面已经架空，因此可以直接用柴来烧火做饭。这就是典型的炊具和灶具一体的器物（图4）。

殷商时期的宫殿建筑中就已经有了专门的厨房。在制作厨房厨具的材料和技术方面有了很大的革新，厚重和较为轻薄精巧的青铜炊蒸饮食礼器与器皿，同时摆上了贵族阶层的政治礼仪和"家庭"烹饪的舞台。从目前已出土的大量的商周青铜器物中多为炊餐具可以看出当时的贵族对于厨具的重视。青铜食器的最大进步在于厨具的传热效能大大提高，而且炉灶的热效也能更好地被利用，这种厨房展现出了奴隶主贵族饮食文化的特殊气质。

当时的烹饪技巧，除了我们熟知的烤食、煮食、煎食外，蒸食也成为普遍使用的烹饪方式。例：甗就是典型的具有蒸食功能的炊具。在食用油匮乏的古代，煎食是奢侈的烹饪方式，因此，煮食、蒸食便是人们常用的烹饪模式。烹饪模式是由炊具的形式与功能决定的，而炊具的样式与炉灶的"火堂"大小又是密不可分的。有一点必须肯定：固定炉灶在民居中的出现，就是厨房功能区划分的开始。

春秋时期，厨房建筑已经广泛出现在住宅之中。《孟子·梁惠王》（上）就有"是以君子远庖厨也"的记载。根据考古资料，山西省侯马县东离牛村越5公里处有一座春秋村落遗址，居室附近往往有窑穴或大贮藏室相连，有些居室旁还有水井。窑穴形制大小不一，大致均作贮藏室用。部分窑穴设有瓦顶及上下台阶，若干粮窖中的储谷物已经腐烂[①]，说明当时的厨房、贮存室、水井等相近设置的布局模式已经常见，见图5。

20世纪50年代发掘出的河南辉县新石器时代至商周时期墓葬遗址，出土了鼎、笾、壶三器一组的标准组合。鼎中常有鸡骨、鱼骨、肉骨。三种炊饮器的功能是：盛肉食的鼎、盛稻粱的笾、盛酒浆的壶。分装象征富有人家的三种主要食物[②]。直接反映出随当时厨房烹饪器功能的不同，炊具的形式也不同。战国时期出现了一种铁质的炊具，形式为敛口圆底带二耳，名为锅釜。锅釜置于灶上，上放蒸笼，用于蒸或煮。和青铜炊具相比，这种轻薄的铁质炊具更为先进，是后来民间铁锅的前身。这为炒菜等烹饪水平的提高，创造出了厨房革命的重要空间，这是厨房趋于科学的划时代跃进。

厨房的历史，不会过于晚于成熟民居模式出现的历史。从汉代的明器中就可以得知真正意义厨房的模式。

---

① 山西省文物管委会.侯马工作站工作的总收获.考古.1959（5）：225.
② 考古研究所辉县发掘报告.北京：科学出版社出版，1956：38-39.

秦汉魏晋南北朝时期是中国厨房发展史上重要的过渡时期。由于人们引进了不少外来的食品原料，故而需要加工炮制的食品种类便多了，再加上日益增多的农副产品的养殖技术的发展，需要在厨房中烹饪加工的食源进一步扩大，当时贵族的厨房非常重视炉灶的改进。这就促使人们不得不改进了炉灶和炊具来适应厨房新情况的变化。不仅灶具、炊具在日臻完善，就连餐具也讲究起来，例：轻盈秀美，器餐漆具便产生了。

图6　厨师俑　　　　图7　陶釜、陶灶

也是从这一时期起，人们开始在烹饪中使用植物油，在厨房的食品加工中，油煎法开始使用。西域一带的"胡风烹饪"也影响了中原地区人们的厨房文化，出现不少面点小吃新品种，厨房中加工面食的案桌变得更加重要。尽管现有资料仍不能复原这一时期厨房和器具使用的全部面貌，但在不少墓葬、遗址中出土的明器等文物资料能够使我们了解，当时的厨房已经具备了食品的贮藏、熏制、腌制、案桌加工和炉灶烧烤、煮蒸等各种功能（图6）。

关于厨房，史书上对此有不少记载，唐代三司使在长安永达坊的住宅中宴请丞郎，宴会厅成为"设亭"，其屋顶造型如飞鹏，"左右翼为厨为廊[①]"。

除此之外，铁制的锅釜逐渐从富人的厨房普及到普通人的厨房过程中，锅釜开始向着多样化的形式发展：有可供煎炒的小釜，有多种用途的"五熟釜"，以及"造饭少顷即熟"的"诸葛亮锅"等。所谓"诸葛亮锅"类似后来的行军锅，相传是诸葛亮发明的，因为锅浅，和灶火的接触面大，因而烧饭时间短，饭菜容易熟，这是"行军锅"的前身。厨房中使用更加锋利轻巧的铁质刀具，大大改进了刀法和刀工，使烹饪技艺日趋美观。富人厨房中工作的厨子还有紧身的"襦衣"，形似牛鼻的"犊鼻"式的围裙，以及名为"青韝"的长护袖，无形中使厨师的劳动效率提高。炉与案的分工，有利于厨师集中精力专攻一行，提高了"厨房技术"。

目前，我们所见到的传统厨房主要是沿袭明清时期的设计模式，在厨房的功能上主要是要安排好炉灶、加工台案、食物贮藏、工具器皿摆放和水的储存和排放等几个部分。

二、炉灶的多元化

从大量出土的明器中可以看出，汉魏时期或更早些，厨房中已经出现了灶台，这种灶台和过去炉灶的主要区别在于，排烟的烟囱已由原来简单的垂直向上改为烟道先横向深曲通火，然后才向上排烟的形式。在充分利用炉火的热功方面，取得了较大的进步。在一些地区，人们逐步开始使用利于掌握火候的煤炭窑。河南唐县石灰窑画像石墓中出土的陶灶，河南洛阳烘沟出土的"铁炭炉"，说明在厨房灶具的材料形式上已经多种多样。内蒙古新店子汉墓壁画中表现的厨灶 "一灶五突，分烟者众，烹饪十倍"，也就是说，一台炉灶有五个火眼和许多排烟孔，可以大大提高烹饪功效（图7）。

---

① 《全唐书》卷718。

隋唐五代宋金元时期，厨房使用的燃料质量得到提高，这时较多使用石炭，部分地区还使用天然气和石油；有了耐烧的"金刚炭"，也就是焦煤、类似蜂窝煤容易吸入空气的"黑日头"。在炉灶引火，用"火寸"。这是蘸有硫磺的木片，相当于今天的火柴。在选择燃料时，人们还知道"煮酒及炙肉用石炭"，并懂得"柴火、竹火、草火、麻核火气息各不同"。因而，人们改进了厨房的炉灶，当时流行泥风灶、小缸炉和小红炉，还有一种"镣炉"，以适应不同的燃料，人们还革新了炊具，以适应不同的火口。隋唐宋元的火功菜甚多，与能较好地掌握不同燃料的机能有直接关系。

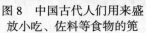

图8　中国古代人们用来盛放小吃、佐料等食物的筊　　图9　福建沙县双兴堡

宋代注重饮食文化，厨房设备在宋代进步很大，如宋代的镣炉，外镶木架，下安轮子，可以自由移动，不用人力吹火，炉门拨火拔风，清洁无烟，火力很旺，还易于控制火候。宋代还使用多层蒸笼蒸制食品，还有六格大蒸笼，提高了效率、节约了时间。精细铜暖锅，体现了当时工艺的精湛。金代的双耳铁锅，一直在北方民间流传至今（图8）。

在今天各地的传统民居中，常见的厨房炉灶可以分为锅饻、星灶、炕灶、地灶、坑灶、火塘等许多种。

锅饻是最为古老的炉灶形式，但是在中国北方大部分地区，直到20世纪末还是普通民众家家使用的炉灶。锅饻是用黏土混合麦草作为主体材料，用手塑型，并在上下炉膛间加几根铁棍作为炉箅而制成的。锅饻主要适应以柴草作为燃料，灶具主要适应大铁锅和鏊子，能够承担烙、煮、蒸、炒等多种烹饪需求，还和风箱配套，价格便宜，但是十分好用。

星灶主要是南方地区传统厨房中的灶具。星灶需要较大的一个区域来设置。星灶分为前后两面，前面是灶台，上面设三个至七个火眼。后面是灶口，主要是烧柴。由于星灶有烟囱拔风，因此往往不需要风箱供氧和加大火力。是一种能同时满足煮、蒸、炒、温几种功能的炉灶形式。由于炉灶前台的后部有墙架围合，上面可以摆放油盐酱醋等瓶瓶罐罐，还有放灶王爷的神龛。即便在今天，在南方地区，星灶仍然随处可见（图9）。

地灶有几种，像新疆维吾尔自治区的许多地区的民居中还保留有做"胡饼"的地灶。现在这种饼被叫做"馕"，有厚薄等许多种。加工馕的地灶，叫做"馕坑"，在维吾尔族村落中几乎家家都有。另外在吉林省的东北朝鲜族民居中，地灶是在客厅的一侧凹陷下去的一个区域。朝鲜族民居的厨房位于客厅一侧，因为朝鲜族传统烹饪中没有炒菜，较为清洁，因此厨房不需要封闭，就像当代欧美人洋房中的厨客一体的设计。朝鲜族民居地灶的最大功能是给整个房子提供地暖，使热效合理利用。

在汉族民居中使热效合理利用的厨房形式是炕灶。需要说明的是，与朝鲜族民居不同，大部分使用炕灶的汉族民居都不是全年使用炕灶，而只是在气候寒冷的约半年时间里使用炕灶，而另外的半年则使用单独的厨房。炕灶是在火炕的一侧设置炉灶，炉灶的烟道是设置在火炕里面的。因此，炉灶的热能，不仅烧熟了饭菜，烧了热水，还温暖了炕和房间。

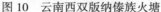
图10　云南西双版纳傣族火塘　　　　　图11　祁县乔家大院烟囱

火塘是干栏式传统民居中的炉灶形式。火塘一般都是设置在干栏式民居二楼客厅的中部，也有像傣族民居等，设置在二楼客厅一侧的。火塘是一种古老的设置，无论哪一个民族，只要使用干栏式传统民居，都会使用火塘。火塘是在地板上开挖的一个方口，里面是一个下凹的炉膛。炉膛的侧面和下面是铺的石板，石板是被下面一根立在地面上的木柱给撑住的。人们在火塘里烧柴，火塘的上方是三条腿的铁质塘架支撑一个圆形的铁质锅圈。火塘不仅满足人们所有的烹饪需求，而且还可在冬季或雨季烤干衣物。火塘的上方悬挂腊肉鱼干等食物，每日的烟熏火燎，可以使腊肉鱼干长期保存，并且味道也更好（图10）。

综上所述，古代炉灶有：单火眼土灶、连眼灶、风箱灶、一面灶、连釜灶、炙炉、染炉、炭盆等各种形式。

三、烟囱的科学化

过去炉灶使用的是薪柴或有烟煤，烧火做饭时一定会产生大量的烟。烟熏火燎不仅让人们睁不开眼睛，而且还使厨房空气及粉尘污染严重，十分不卫生。因此，厨房设置烟囱就是十分必要的。

烟囱的形式是依照炉灶的形式、炉灶的位置、烟道的余热是否需要第二次利用以及厨房建筑的造型等因素所综合决定的。

朝鲜族民居是一种烟道余热充分利用的典型建筑形式。其厨房和客厅是在同一个开敞空间内的。炉灶并不是直接将炊烟排用烟囱排出，而是将炊烟通过房屋地板下面满铺的烟道，最后从位于房屋另一端山墙中心处的烟囱排出。由于炊烟排出的过程经过了几乎整个房屋的地下，因此，厨房烧饭的余热得到了充分的利用。

房屋的造型对于厨房的烟囱也是起到制约作用的，譬如山西晋中民居的厢房及次要房屋都是单坡屋顶，因此烟囱的设置就要在屋脊处，这样烟囱就可以利用单坡屋顶的高屋脊，屋脊上的烟囱伸出的虽然不高，但是烟囱的实际长度已经很高了。值得一提的是，晋中地区房屋的烟囱在造型上都十分精美，最常见的形式是做成小房子的形状。即便是在同一栋房屋上，几个烟囱的造型往往都不一样（图11）。

在福建土楼、赣南围屋等聚族而居的大型防御性民居中，由于每栋建筑中往往都家庭众多，因此厨房都是设在地面层。这样取水、排水、炉灶的防火、食物材料的供给、做饭垃圾的清运都最为方便。

但是厨房向院落内部排烟会直接影响二楼以上走廊的安全，同时这么多的厨房一起排烟，也会造成院内的空气混浊，人们会无法呼吸。因此，只能将烟向建筑外部排。但是这种大型防御性建筑的外墙很高，要是将烟囱顺着外墙一直伸到楼顶是不现实的，因此，人们就将烟囱做成倾斜的，隐藏在厚厚的墙体之中。从建筑的外部看，只是墙上有一个一个的小孔而已。假如不是小孔上部被熏黑的话，人们往往不会注意到土楼或围屋周围的许多个烟囱的存在。

四、台案的进步性

图12　福建沙县的高台案

传统民居厨房的台案一般都比较简单，普通民众生熟食物不分，都在一个台案上加工食品。但是对于雇佣专职厨师的贵族家庭来说，厨房的台案要依厨师职能不同而有所不同。

秦汉时期出现了两次厨务大分工，首先是红案和白案的分工，也就是从事面食糕团加工和荤素菜肴加工工种的分工。从事面食糕团加工的称为"白案"，从事荤素菜肴加工的称为"红案"。后来红案又衍生出执刀者的"案子"和掌勺者的"炉子"两个工种。

魏晋南北朝时期，各种糕团面食丰富多彩。《急就篇》、《饼赋》对面点都有生动的描述。特别是"胡饼"，也就是今天的烧饼，流传至今，仍被人喜爱。也是因为北方加工各种糕团面食很多，而面食必须在案子上加工，而且加工时间较长。因此，北方普通人家大都采用矮的案台，这样坐下来加工，既省力，又舒适。但这并不是绝对的，一些北方大户人家聘用专职的厨师，当然也是用专业的大型案台来进行厨房加工。专职白案加工人员需要把工作做好，而不是要舒适，因此，供厨师站立使用的高台案就最好。

总而言之，南方地区的普通人家厨房中多用高的案台（图12），与南方的高灶台相配合。而北方地区普通人家的厨房中多用矮的案台，与北方低矮的锅灶搭配。总起来说，北方地区较为贫瘠，因此厨房台案和就餐的餐桌是同一个家居。这个案板以时间的不同具有不同的功能。做饭时是厨房的案板，吃饭时是餐桌，而平时孩子写作业的书桌也是这件家具。我生活在徐州的城里的小知识分子家庭，儿时的生活就是如此。像北方地区相当多地区的农民吃饭是没有用过餐桌的。孩子们饭碗一端，就倚在家门口的门框或墙上吃；而成人吃饭总是随地一蹲，永远是双手端碗无桌用餐。

五、厨具的多样化

据贾思勰的《齐民要术》记载，汉魏六朝的烹调有用酱搅拌和细切的菜肉，用盐与米粉腌鱼，腌熏腊禽畜肉，将肉制成羹，蒸、煮、烧烩、煎炒，泡酸菜，烤，酒醉或用泥封腌，熬糖与做甜菜等许多种加工烹饪食品的方法。《齐民要术·做酱》中有"于大甑中燥蒸之"的记载，这说明人们已经可以采用一些特殊技法让腌制的食品更加精致好吃。这也就要求厨房的台案、洗盆、供水、排水、

图 13 福建沙县双元堡　　　　　　　图 14 水星高照

和炉灶的功能都要跟上。

在铁刀、铁锅、大炉灶、优质煤、众多植物油这五种厨房先进要素的推动下，炒菜脱颖而出。炒菜丰富了人们的餐桌，然而，炒菜带来的油烟污染厨房的问题，从古到今一直至今仍然困扰着人们，所以清除厨房油烟污染，也是人们不断努力的方向，其重点就是炉灶烟囱的改进。厨房的工具主要有砧板、菜刀、铲子、勺子、笊篱、筛子、簸箕、菜筐、筷笼、罐子、瓶子等（图13）。

中国厨师的手艺主要展现在个人技术上，对于工具的要求是一件物品可以有多种用途。就拿最常用的刀来说，剁骨头、剔骨头、切肉、剁肉馅、切菜、切面食等，总之，不管是荤的素的、生的熟的，往往一把刀就解决所有问题。台案、砧板、洗盆、勺子、笊篱、筛子、簸箕、菜筐等也是生熟不分。一物多用的优点就是节约了厨房的空间。因此，在厨房物品的摆放上由于做到了立体摆放，有吊在空中的、有摆在架子上的、有放在台案边上的，还有放在地上的，因此做到随手可取，方便使用。

英国在16世纪时，人的平均寿命不超过四十岁。而中国古人的平均寿命估计也大致不会更加长寿。生熟食物的工具不分，可能是造成人们没有今人寿命长的原因之一吧！

六、祭祀的民俗化

德国社会学家诺伯特·艾利亚斯（Norbert Elias），在他的《方法史》[①]一书中谈到，烹饪的进步是一种文明化的过程。也就是说，社会、政治及信仰逐渐会对烹饪活动有所影响。美籍华裔学者张光直（Z.C.Chang）在他的《中国文化中的食物》[②]一书的综述章节（Introduction）中就提到的中国饮食文化的特征中就包括生态环境、烹调方式与食物相关的观念与信仰，以及食物在生活中的实质和象征意义等，就是从人类学的角度来看待问题。因此，观念与信仰对于厨房文化也有影响。

在诸多的观念与信仰的影响中，灶神崇拜是人们最为熟知的一种传说。灶神是旧时传统民居厨房中的重要设置，是供于灶台上的神，也称灶王、灶君、灶王爷、灶公灶母、东厨司命等，是传说中的司饮食之神，能掌管一家祸福。《礼记·祭法》中"王为群姓立七祀"，即有一祀为"灶"，而庶士、庶人立一祀，"或立户，或立灶"（图14）。

灶神之所以受人敬重，除了因掌管人们饮食，赐予生活上的便利外，传说灶神的职责，是玉皇

① The History of Manners，纽约 Pantheon 出版社 1978 年出版，从 1938 年出版的德文原著翻译。
② Food in Chinese Culture，美国纽黑文市 Yale University Press 出版社 1977 年出版。

上帝派遣到人间考察一家善恶之职的官。灶神左右随侍两神，一捧"善罐"、一捧"恶罐"，随时将一家人的行为记录保存于罐中，年终时总计之后再向玉皇上帝报告。农历十二月廿四日就是灶神离开人间，上天向玉皇上帝禀报一家人这一年来所作所为的日子，也就是"辞灶"日，所以家家户户都要"送灶神"。

送灶神的供品一般都用一些又甜又黏的东西如糖瓜、汤圆、麦芽糖、猪血糕等，总之，用这些又黏又甜的东西，目的是要塞灶神的嘴巴，让他回上天时多说些好话。俗话说得直白"吃甜甜，说好话"。旧时家家户户都贴年画灶君，两边贴有对联"上天言好事，下界降吉祥"。

灶神在古代民间人们信奉的众多神灵中的地位是很高的。祀灶神是由原始的火崇拜发展起来的一种神祇崇拜。原始人群在长期与大自然搏斗的生活中，学会了使用火，火成了原始人的自然崇拜之一。在原始人氏族群居的生活中，那一堆永不熄灭之火便是他们的灶。

祭灶的历史非常悠久。在秦代以前，祭灶就已成为国家祀典之一了。到了汉代，祭灶又被列为大夫"五祀"之一，并且灶神也被人格化，并被赋予新的功能。

七、各地厨房在民居中的不同位置

行文至此，中国传统厨房的历史发展和一般特征我们都有了议论。但是，在不同地区和不同民族的传统民居中，还因人们的生活习俗、建筑的形式特征以及烹饪的方式方法的不同，厨房被设在住宅建筑中的不同位置（图15）。

北京四合院、山西晋中民居的厨房都是设在东厢房的背后或东厢房的南侧，这种布置就是源于风水理念。因为绝大多数的北京四合院、山西晋中民居都属于东四宅的形式，在风水理念的影响下，供人们选择能够适合安置厨房的地方并不多。

东四宅是风水学上的一个概念，就是把住宅中堂屋的朝向与后天八卦中的卦位进行对应，这样就产生八种形式，简称"八宅"。八宅中又分为"东四宅"和"西四宅"两类。具体地说就是东四宅为震宅（坐东向西）、巽宅（坐东南向西北）、离宅（坐南向北）、坎宅（坐北朝南）；西四宅为艮宅（坐东北向西南）、坤宅（坐西南向东北）、兑宅（坐西向东）、乾宅（坐西北向东南）。

在营造活动中，人们首先考虑的要素是大门、堂屋和灶这三个要素。这三个要素必须放在"吉位"上。而坐北朝南的北京四合院、山西晋中民居等，堂屋都是设在坎位（北面），而大门都是设在巽位（东南方向），因此，供人们设置厨房的吉位只有震和离。北京四合院及山西晋中民居的南边均为倒座房，是佣人居住及接待一般客人的场所。因此，人们便将灶（厨房）设置在东面，以祈求平安。

风水的限制主要在于较大的宅子和较为富有的人家，对于宅基地本来就十分局促的地区来说，最重要的还是首先要满足功能需求。譬如在江南水乡民居中，人们都是把厨房设在最靠近河道的建筑的最后面的地面层。因为旧时河道是最主要的交通要道，而船只是最主要的交通工具。人们买菜运粮要从船运获得、取水淘米都要依赖房屋临水一面的私用小码头，因此在临水一面设置厨房最为方便（图16）。

无论是靠山崖的还是靠水边的吊脚楼，厨房也是设在建筑的后部，也就是可以俯视山下或水面的位置。这样的设置，倒不是为了做饭时好观赏风景，主要是为了方便倾倒污水和垃圾。

图 15　窑洞民居的厨房

图 16　土楼民居中的厨房在底层

图 17　朝鲜族民居中的厨房和客厅连在一起

图 18　蒙古包中的厨房位于正中

在福建土楼中，厨房都是设在最外围一圈土楼的底层。土楼是聚族而居的一种大型住宅形式，内圈的土楼一般均为辅助性功能的建筑，而外环的建筑楼上为卧室，有的富有人家二层皆为粮仓。但是外圈建筑的底层设厨房。由于土楼内的人家多，因此厨房也多。不少土楼外环建筑的底层全部为厨房，炉灶的烟囱直接穿过土楼厚厚的墙体，将炊烟排到楼外。

福建中西部土堡的厨房一般都设在两个地方，一个是设在后堂后部的两侧，这里是客人难以到达的私密区域。还有的是把厨房设在副厝与过水亭交接处。因为过水亭在土堡中兼有家庭餐厅的功能。

福建五凤楼的厨房都是设在横屋的底层。因为后堂的楼房多为卧室，而横屋多为辅助用房。横屋的地面层设厨房，与磨坊等加工间为邻，方便加工食物和倾倒垃圾。

侗族、苗族、壮族等民族的干栏式民居的厨房设在二楼的客厅，也就是火塘。这些民族的火塘都是设在二楼的中心空间。但是同样使用干栏式住宅的傣族，尽管其厨房也是火塘，但是却设在二楼的一侧，紧靠晒排的位置。因为傣族民居二楼正中的中心柱是神柱，因此火塘偏到住宅的一侧，靠近竹子做的类似于阳台功能晒排，在使用上更加方便。

朝鲜族民居的厨房设在客厅的一角，与客厅为一个整体空间。这是因为朝鲜族的饮食加工方法为蒸煮烤炖，没有炒菜，因而也没有油烟的困扰（图 17）。

蒙古包中心取暖用的火炉，兼有做饭的功能，因此，蒙古包是厨房、客厅与卧室空间一体的（图 18）。

维吾尔族民居的厨房一般都是设在房间的入口一侧的开敞式的走廊内，因为新疆少雨，厨房在这里，加工食品方便，尤其是维吾尔族的主食为馕，厨房的必备设施就是烤馕的炉子。

塔吉克族生活在名为"普依阁"的综合性居室中。这个居室一般常见的尺寸为 7m×9m，空间十分大。房间的一角设门，三面依墙设大的土炕，另外一面的中间部分设炉灶，宽大的灶台上同时设几个灶口。从平面上分析，灶台及紧靠灶台两侧均开敞，但是在灶台延伸线靠近两侧普依阁墙壁的地方，顺延长线各设一小墙将炉灶外的一侧的小空间从大房间的主要空间分割出来，形成一个半开敞的小空间，作为食物的贮藏和加工场所。炉灶的上方为天窗，供采光、通风和排烟用。

藏族民居的厨房一般都是设在二楼，因为在乡间，民居地面层大都为牲畜房，而从二层起，为生活空间。厨房在二楼，泥砌的炉灶就坐落在二楼的木地板上，炉膛以及炉灶外面的地板上面铺泥或铺砖，用来阻燃地板。与塔吉克族的"普依阁"功能相同，冬天时，炉灶还起到采暖的作用。

厨房，与人们生活息息相关，厨房，使我们的生活丰富多彩。深入分析、研究厨房的发展历程，我认为意义非凡。

"中国民居建筑大师"荣誉称号

2.1 我国第一批、第二批共 9 位中国民居建筑大师荣获证书

我国第一批、第二批共 9 位民居建筑研究资深学者经专家提名、民居建筑专业委员会讨论，并呈报中国民族建筑研究会审定于 2010 年和 2012 年通过授予"中国民居建筑大师"荣誉称号。

第一批 6 位"中国民居建筑大师"，2010 年 11 月经中国民族建筑研究会专家评审委员会评审，决定授予"中国民居建筑大师"荣誉称号，并于 2010 年 11 月 27 日在北京人民大会堂宣布并颁发证书。名单如下（以姓氏笔画为序）：

王其明（女）、朱良文、李先逵、陆元鼎、单德启、黄浩

第二批 3 位中国民居建筑大师，2012 年经中国民族建筑研究会专家评审委员会评审通过，并于 2012 年 10 月 23 日在广西南宁市第 19 届中国民居学术会议大会开幕式上宣布并颁发证书。名单如下（以姓氏笔画为序）：

业祖润（女）、陈震东、黄汉民

"中国民居建筑大师"是为民居建筑研究、历史村镇保护、优秀建筑文化传承和培养年轻一代的长期研究和实践的专家学者所给予的荣誉称号。它为民居建筑界树立学习榜样，这是我国当前经济建设时期，为弘扬中国传统建筑文化、保持和促进文化建设和村镇发展具有重要和现实意义。

第三批"中国民居建筑大师"将在 2014 年审报并举行颁发仪式。

一、第一批中国民居建筑大师介绍

（一）王其明

女，1929 年 5 月 3 日出生，北京大学考古文博学院教授，中国民族建筑研究会专家。

1. 从事民居建筑和历史村镇街区研究基本情况

（1）从 1958 年起从事四合院住宅专题研究，完成《北京四合院住宅调查分析》论文，并在学术会议上发表。

（2）1959 年开始，从事浙江民居专题研究，完成《浙江民居》研究专题。《浙江民居》论文在新中国首次召开的国际性学术会议，即 1964 年北京科学讨论会上发表，引起国内外学术界较大的反响，许多国家建筑刊物全文转载；美国某大学建筑系用为教材。

（3）传统特色小城镇住宅技术研究中间成果审查会议审查专家。

（4）北京示范胡同环境整治专家评委会评审专家。

2. 著作、民居村镇保护和有关民居特征的建筑创作获奖作品

（1）《浙江民居》，中国建筑工业出版社，1984年。

（2）《中国居住建筑简史·城市·住宅·园林》，刘致平著，王其明增补，1990年。

（3）《北京四合院》，与陆翔合著，1996年5月。

（4）《北京四合院》，中国书店出版，1999年。

（5）《北京胡同环境整治方案》，2006年。

（二）朱良文

男，1938年10月10日出生，昆明理工大学教授，中国民族建筑研究会专家。

1. 从事民居建筑和历史村镇街区研究基本情况

从1981年至今一直从事云南民族建筑及传统民居研究，涉及：

（1）云南传统民居的调查研究。

（2）云南传统民居的理论研究，特别是有关传统民居价值论研究、继承问题探讨、民居空间研究。

（3）历史城镇与民族村落的保护与发展研究。

（4）新民居的实验研究（傣族）。

（5）民族地区旅游景点及民族村落的旅游规划。

（6）民族地区的城镇特色研究。

2. 著作、民居村镇保护和有民居特征的建筑创作获奖作品

（1）《丽江纳西族民居》，云南科技出版社，1988年。

（2）《THE DAL》（泰国DDBooks），1992年。

（3）《丽江古城与纳西族民居》，云南科技出版社，2005年。

（4）《丽江古城传统民居保护维修手册》，云南科技出版社，2006年。

（5）《丽江古城环境风貌保护整治手册》，云南科技出版社，2009年。

（6）《云南民居》（合作编著），中国建筑工业出版社，2009年。

（7）《传统民居的价值与继承》规划设计三等奖（中国建筑工业出版社，正在出版中）。

（8）丽江古城四方街保护（《紧急呼吁》得到省长批示，制止了破坏，1986年）。

（9）中国南部傣族的建筑与风情（云南省高校科研成果二等奖，1995年；云南省自然科学三等奖，1996年）。

（10）傣族新民居实验研究（合作，云南省技术发明三等奖，2008年）。

（11）丽江黑龙潭外环境保护总体设计（合作，2009年度云南省优秀规划设计二等奖，2009年度住房和城乡建设部优秀规划设计三等奖）。

（12）丽江玉河走廊带保护总体设计（合作，2009年度云南省优秀规划设计二等奖）。

（三）李先逵

男，1944年8月6日出生，中国民族建筑研究会副会长。

1.从事民居建筑和历史村镇街区研究基本情况

从 20 世纪 80 年代初在建筑历史及理论学科中就把民居建筑和历史村镇街区研究作为主要课题方向之一,至今已有三十余年。特别是对四川重庆以及西南少数民族的聚落民居进行了较为广泛的调研考察,尤其是对干栏式民居的起源演变及地域民族特色的研究较为深入,发表有关学术论文七十余篇,其中有不少研究成果获得各种奖项。长期从事建筑专业教学工作,讲授中国建筑史并在国内高校率先开设乡土建筑设计课程,指导硕士、博士研究生三十多名,大多数学生从事民居课题方面的研究。同时把理论研究同实践相结合,主持参与和指导一些国家级名镇名村项目规划保护的设计与编制。组织并负责主办全国第五届民居学术研讨会等并积极参加各类民居会发表论文。长期担任中国建筑学会民居专业学术委员会副主任委员。此外,还配合政府有关部门组织并指导城镇民居建筑文化项目,如平遥、丽江、宏村、西递、都江堰、云南三江并流地区等申报世界遗产工作获得成功,参与推动中国国家级历史文化名镇名村的评审工作,连续五届担任建设部、国家文物局联合专家评审组副组长。

2.著作、民居村镇保护和有民居特征的建筑创作获奖作品

（1）主编和参编有关民居建筑的专著八部,如《中国民居建筑》三卷本、《传统民居与文化》第五辑、《土木建筑大辞典》、《建筑设计资料图集——民居篇》、《四川藏族住宅》等。

（2）个人著作有《干栏式苗居建筑》、《四川民居》,代表性论文如《论干栏式建筑的起源与发展》、《贵州干栏式苗居建筑文化特质》、《西南地区干栏式建筑类型及文脉机制》、《古代巴蜀建筑的文化品格与地域特色》、《中国民居的院落精神》、《巴蜀古镇类型特征及其保护》、《历史文化名城建设的新与旧》、《中国山水城市的风水意蕴》、《中国人居环境的改善与进步》、《城市建筑文化创新与文化遗产保护》等。

（3）主持执笔撰写向联合国提交的《1996—2000 年中国人居国家报告》。

（4）主持或参与编制国家级历史文化名镇名村保护规划,如《吉林长白朝鲜族自治县风貌保护规划》、《吉林长春满族乌拉镇风貌保护规划》等。

（5）主持国家自然科学基金项目《四川大足石刻保护研究》、包括大足宝顶山石窟圣寿寺香山场总体保护规划,获四川省科技进步二等奖。

（四）陆元鼎

男,1929 年 10 月出生,华南理工大学建筑学院教授、博士生导师,中国民族建筑研究会专家。

1.从事民居建筑和历史村镇街区研究基本情况

从 1955 年开始从事传统民居研究,先后发表民居论文数篇和出版民居著作若干本,并从事民居学术团体组织活动。

1988 年组织召开第一届中国民居学术会议后,在上级学会的支持下筹备组织成立了民居学术团体,二十多年来组织召开了十八届中国民居学术会议、八届海峡两岸民居学术会议、两届民居国际学术会议,使民居研究队伍不断扩大。

会议后出版的论文集有:

（1）《中国传统民居与文化》第一辑,主编陆元鼎,中国建筑工业出版社,1991 年 2 月。

（2）《中国传统民居与文化》第二辑，主编陆元鼎，中国建筑工业出版社，1992 年 10 月。

（3）《中国客家民居与文化》主编陆元鼎，华南理工大学出版社，2001 年 8 月。

（4）《中国传统民居营造与技术》，主编陆元鼎，华南理工大学出版社，2002 年 11 月。

（5）《民居史论与文化》，主编陆元鼎，华南理工大学出版社，1995 年 6 月。

村镇改造方面，曾进行广东番禺沙湾镇车坡街、安宁街改造修复工程，广东三水大旗头村修复改造。广东从化钱岗村、钟楼村、屈洞村祠堂等修复改造工程等方案（因资金问题实施有困难）。

2. 著作、民居村镇保护和有民居特征的建筑创作获奖作品

（1）《广东民居》，中国建筑工业出版社，1988 年 11 月。

（2）《中国艺术全集 21 卷，宅第建筑，南方汉族》，中国建筑工业出版社，1995 年 5 月。

（3）《中国民居建筑》三卷本，主编，华南理工大学出版社，2003.11。2004 年获全国第十四届中国图书奖，广东省第七届优秀图书一等奖。

（4）《中国民居建筑丛书》18 卷本，总主编，中国建筑工业出版，2009 年 12 月。

（5）《中国民居建筑艺术》，中国建筑工业出版，2010 年 12 月。

（6）广州市从化钱岗村广裕祠修复保护工程，2002 年完成。2003 年获联合国教科文组织亚太地区文化遗产保护奖第一名杰出项目奖。

（7）广州市番禺区练溪村保护更新工程，2005 年完成。2011 年获广东省岭南特色规划设计银奖。

（8）潮州市饶宗颐学术馆扩建工程（有民居与园林特色），2006 年 11 月完成。2007 年获广东省优秀勘察设计二等奖，2011 年获广东省岭南特色建筑设计铜奖。

（五）单德启

男，1937 年 5 月出生，清华大学建筑学院教授，中国民族建筑研究会专家。

1. 从事民居建筑和历史村镇街区研究基本情况

1979 年开始，结合科研、教学和创作实践，先后对安徽徽州、浙江绍兴、广东开平、甘肃白银、广西桂北等地区进行较为系统的调查。1988 年起，先后主持由清华大学申报的国家自然科学基金项目《人与居住环境——中国民居》、《中国传统民居聚落的保护与更新》、《城市化和农业产业化背景下传统村镇和街区的结构更新》等。在清华大学建筑学院首开《中国民居》为建筑学专业必修课。指导有关中国民居及其聚落、小城镇建设、旧城改造与更新、传统街区的保护、更新改造与利用等选题的博士研究生 6 名，硕士研究生和工程硕士研究生 20 余名。

主张中国民居的学术研究要突破史学的范畴，也要突破建筑学的范畴；在工程实践中发现矛盾，深化研究内容和研究方法。先后完成安徽巢湖中庙、浙江绍兴鲁迅故里和东浦水街等传统民居聚落的保护与更新、发展与利用的规划设计；以及广西融水县整垛苗寨、湖北恩施官坝苗寨的改造与保护设计。此外，对于城市的现代建筑如何吸取中国民居的传统风貌和营建策略，探索现代的，又有传统特色的设计创作，如最近进行的几项高速铁路火车站设计（安徽绩溪、浙江武夷山）。

2. 著作、民居村镇保护和有民居特征的建筑创作获奖作品

（1）《中国民居图说·徽州篇》、《越都篇》、《桂北篇》、《五邑篇》，清华大学出版社。

（2）《从传统民居到地区建筑》，中国建材出版社。

（3）《中国民居》（中文版、英文版、西班牙文版、法文版、德文版），五洲传播出版社。

（4）《小城镇公共建筑与住区设计》，中国建筑工业出版社。

（5）《安徽民居》，中国建筑工业出版。

（6）黄山风景区"云谷山庄"，获"中国建筑学会创作奖"，国家旅游总局"环境与艺术金奖"。

（7）"苗寨改建"获国家教委"科技进步奖"，并列入联合国"人居二"（联合国第二次人类居住大会）"全球500最佳范例"并在阿联酋迪举行的"人居二"展出和"中国专场"交流。

（8）"黄山风景区行政中心大楼"获国家建设部三等奖。

（六）黄浩

男，1936年4月出生，江西省浩风建筑设计院总建筑师、高级建筑师，中国民族建筑研究会专家。

1. 从事民居建筑和历史村镇街区研究基本情况

1978—1982年，调研景德镇范围内传统民居，并完成《景德镇明代建筑调查报告》、《景德镇明代住宅特征》等相关论文。

1982—1990年，集中调查江西境内传统民居并完成《江西天井民居》论文；此后至现在继续调研江西民居，并完成《江西民居》《江西围子述略》等专著。

20世纪90年代，参与编制景德镇"三间庙"历史街区保护规划和修复实施工作。

1994年至现在，代表建设厅对全省古村镇进行调研并参与保护规划评审。

2. 著作、民居村镇保护和有民居特征的建筑创作获奖作品

（1）《江西民居》，中国建筑工业出版社。

（2）《中国民居建筑—江西民居》，华南理工大学出版社。

（3）《景德镇明代建筑调查报告》，景德镇科协1982年第八期。

（4）《景德镇明代住宅特征》，江西建筑1982年第一期。

（5）《江西天井民居》（省建设厅内刊）。

（6）《江西围子述略》，华南理工大学出版社。

（7）《景德镇古陶瓷博览区规划设计》，建筑学报1984年第三期。

（8）景德镇古陶瓷博览区规划、设计，省科技进步二等奖，部颁优秀设计奖。

（9）景德镇《明青园》，省科技进步二等奖，部颁优秀设计奖。

（10）1999昆明世博会《江西瓷园》设计，省规划优秀特别奖、世博会设计金奖。

（11）2006沈阳世博会——南昌《豫章园》，世博会设计金奖。

（12）江西吉安陂下古村保护规划，省规划优秀设计奖。

二、第二批中国民居建筑大师介绍

（一）业祖润

女，1938年9月出生，北京建筑大学教授，国家一级注册建筑师。自1986年以来，承担浙江省温州市楠溪江"苍坡村"、"芙蓉村"两座古村历史文化研究和古村保护与利用规划始，结合科研、教学、工程实践对"民居建筑"、"村落环境空间"和"历史文化古村、镇"，"历史街区"保护与利用，新村镇建设，城市住宅及乡村旅游等课题进行研究，承担相关课题的工程建设实践，至今已有26年。发表论文40余篇，完成著作有《北京古山村——爨底下》（中国工业建筑出版社）、《北京民居》（中国工业建筑出版社）、《魅力前门》（天津大学出版社）等。

先后主持国家自然科学基金资助项目"传统聚落环境空间结构研究"，结合工程实践主持"北京爨底下历史文化名村"、"北京前门历史文化街区及四合院保护、整治研究"、"河南赊店历史文化名镇及民居文化研究"等。参加国家"十五"攻关课题"村镇规划优化研究"、"十一五"攻关课题"居住及其环境的规划设计研究"。参加民居专业委员会组织的"全国民居建筑学术会议"、各地民居考察及发表论文等学术活动。开设北京建筑工程学院（现北京建筑大学）研究生教学课题"传统聚落环境与民居建筑"，指导有关"传统民居与聚落文化"、"历史文化名村、镇保护、利用"、"历史街区保护、整治与发展"等选题的研究生20余名。

科研项目：国家自然基础资助项目《传统聚落空间结构研究》、国家"十五"计划攻关课题《住宅及环境》、《前门历史街区保护研究》、《北京川底下古村保护与利研究》、《焦庄户古村保护与地道战纪念馆设计》等。

发表论文：《保护、更新、延续——北京前门地区保护更新规划探析》、《传统空间聚落结构研究》、《传统民居文化对现代居住建筑创作作启示》等。

（二）陈震东

男，1937年6月出生，高级规划师，国家首批认定注册规划师。从事新疆各少数民族的民居建筑研究长达三十多年。著有《鄯善民居》（新疆人民出版社）、《新疆民居》（中国建筑工业出版社）、《新疆建筑印象》（同济大学出版社），并编辑出版《传统特色小城镇住宅（新疆民居标准图集）》等。其规划设计作品曾多次获得省级及国际奖项。

自同济大学建筑系城市规划专业毕业后至新疆从事建筑设计和城市规划工作。自1976年开始，多次去伊犁、塔城、阿勒泰三地区考察并参与规划设计，为新疆各少数民族的民居建筑的丰富多彩、深厚内涵所感动，通过摄影、实测、搜集资料，撰写了《伊犁民居概说》、《哈萨克族民居概说》、《建筑在西部的断想》、《民居与城市特色》等论文，为此获自治区二等奖，《伊犁民居概说》被审定为自治区科学技术研究成果。20世纪80年代中期开始参编了汪之力主编的1994版《中国传统民居建筑》、严大椿主编的1995版《新疆民居》、陆元鼎主编的2003版《中国民居建筑》等书籍，参加中国民居学术委员会召开的第五届学术会议后和海峡两岸传统民居理论（青年）学术研究会的历次会议。

在1990年后参与了全国性的学术研究活动，并于1995年在新疆主办第六届中国民居学术会议和2003年由中国民族建筑研究会在新疆召开的中国民居研究学术会议。1994年起由中国民居学术会员会委员，现任中国民居学术委员会专家委员会专家。

（三）黄汉民

男，1942年11月出生，现任福建省建筑设计研究院首席总建筑师、教授级高级建筑师、国家特许一级注册建筑师；兼任中国建筑学会常务理事、建设部历史文化名城专家委员会委员、福建省土木建筑学会副理事长、福建省建筑师会会长《古建园林技术》编委、福州大学和华侨大学教授。

1990年被评为"建设部劳动模范"，1991年被国务院学位委员会授予"做出突出贡献的中国硕士学位获得者"，1992年荣获"福建优秀专家"称号。任福建省建筑设计研究院总建筑师的23年中，致力于福建传统民居尤其是福建土楼的研究，促进了福建传统民居的保护与开发，并将研究成果运用于建筑创作实践，取得突出的成绩。

著有《福建土楼——中国传统民居的瑰宝》（生活·读书·新知三联书店），《福建土楼》上、下册（台湾"汉声"出版公司），《福建传统民居》（厦门鸢江出版社），《客家土楼民居》（福建教育出版社）等。他主持设计了中国闽台博物馆、福州画院、厦门国际金融中心等多项省市重点及大型工程，其建筑设计作品多次获得国家及省级奖项。

1. 主要论著、设计或科研成果

1994年《福建土楼》（上、下册），独著，台湾，"汉声"出版公司。

1994年《福建传统民居》独著，厦门鸢江出版社。

1995年《客家土楼民居》独著，福建教育出版社。

2003年《福建土楼——中国传统民居的瑰宝》，独著，生活·读书·新知三联书店等。

2. 担任工程负责人、审核审定人的工程有

福建画院，福建省图书馆，香港九龙高层集装箱（25层、4000m²），福建会堂（6层、37700m²、省重点工程），福建省革命历史纪念馆（14000m²、省重点工程），中国闽台缘博物馆（4层、24000m²、省重点工程）等大型、高层建筑数十项。

2.2 "中国民居建筑大师"荣誉称号授予条例

民居建筑自 20 世纪 50 年代开始研究已有 60 年。在众多专家和学子的努力和宣传下，民居建筑研究和历史村镇保护、优秀文化的传承，现已得到领导和社会各界的重视。其中，民居建筑研究专家教授是起了带头的作用，他们孜孜不倦，下村下乡、任劳任怨，不计报酬，几十年来一直坚持在基层工作，在村镇社区、把民居建筑研究学科搞起来，培养青年人，贡献了毕生的精力。

为表彰长期从事民居建筑研究并作出巨大贡献的专家，决定授予他们"中国民居建筑大师"荣誉称号，这在我国当前经济建设重要时期，弘扬中国民族建筑文化，保持和促进文化建设和村镇建设具有重要和现实意义。

具体条例如下：

一、目的和意义

1. 为弘扬我国民族民居建筑文化，对长期从事传统村镇建筑保护传承、发展建设的民居建筑研究资深专家进行表彰；

2. 为今后青年民居建筑研究人员树立学习榜样，鼓励传承和持续发展我国优秀传统文化；

3. 经过老一辈专家传承、开拓、发展的民居建筑学科已经基本形成。学科的研究方向明确，研究范围逐步齐全，它有利于我国村镇建设和建筑创作的民族与地方特色发展进步。

二、"中国民居建筑大师"评审条件

1. 必须是中国民族建筑研究会、民居建筑专业委员会会员；

2. 必须在民居建筑研究学术界有影响或有资深研究的专家；

3. 长期、持续从事传统民居的研究和实践（20 年以上）；

4. 有独立学术性著作（包含编著第一作者）或有获奖（省部或学会级）的民居建筑有关的实践作品，包含村镇街区民居保护利用的实例和有传统民居特征的新民居新建筑创作实例，民居建筑范围可包含村镇、聚落、街区、单体宅居、祠堂、会馆、书院等乡土民间建筑。

三、人数不作规定，标准要严格掌握，宁缺毋滥

"中国民居建筑大师"称号授予活动，每隔 2 年进行一次。

四、申报办法：个人申报和学术机构专家提名相结合

个人申报或两名中国民居建筑大师推荐，由民居建筑专业委员会讨论通过，上报中国民族建筑研究会专家评审委员会评定。

中国民族建筑研究会民居建筑专业委员会

2010 年 9 月 21 日

2.3 第三批（2014年）中国民居建筑大师评选实施细则

根据 2010 年申报《中国民居建筑大师荣誉称号授予条例》规定，"中国民居建筑大师"每两年评选一次，2010 年举行了首届评选，2012 年举行了第二届评选。今年（2014 年）开展第三批中国民居建筑大师评选活动，现将 2014 年评审具体实施细则拟定如下：

一、评选的目的的意义、评选条件

见 2010 年 9 月 21 日拟定的《中国民居建筑大师荣誉称号授予条例》规定执行（见附件一）。

二、申报办法

除《条例》已有规定的个人申报或两位中国民居建筑大师推荐外，再增加由民居建筑专业委员会两位副主任委员共同推荐的新推荐方式。

三、2014 年评审流程

民居建筑专业委员会不设专家评审委员会。采取广泛听取专家和委员意见后，开会讨论，再呈报推荐名单，请上级审批。

四、评选推荐日期安排

1. 2014 年 4 月前为申报推荐时间并报相应材料（见附件二）。
2. 2014 年 5 月前民居建筑专业委员会讨论并通过推荐名单。
3. 2014 年 6 月初上报中国民族建筑研究会。
4. 建议第三批中国民居建筑大师 2014 年 7 月在第 20 届中国民居建筑学术会大会上宣读并颁发证书。

五、评审费用

申请时不收费用，待正式上报中国民族建筑研究会时，申请人需交申报评审奖牌制作费用。

中国民族建筑研究会民居建筑专业委员会
2014 年 2 月 25 日

附录：中国民居建筑大师申请表

一、填表说明

随表附件包括所有科研实践成果及获奖佐证材料，其内容应与传统民居研究或工程实践直接相关。其中：

1. 论文、著作、获奖、科研与实践项目仅限排名前三位的成果。

2. 论文需提供期刊／论文集封面、含文章名称的目录。

3. 著作需提供封面、版权页和目录。

4. 实践项目需提供设计方案或实景照片，不超过5张。

如填写内容较多，可另加附页，但加页部分表格样式应与本表相同。

二、文件命名与整理规则

（一）民居建筑大师申请表可以 word 格式提交，也可纸质填写材料。

（二）随表格提交的科研实践成果、获奖材料等，可复印件装订成册；或提交扫描件 jpg 格式，单个文件原则上不大于1MB，表格与相关的文件整理入一个文件夹，文件夹命名为"×××申请材料"，单独刻录成一张光盘提交。

所属省				相 片
姓 名		性 别		
籍 贯		民 族		
从事专业		出生年月		
传统民居研究方向				
传统民居针对地域				
工作单位		职务／职称		
工作电话		手机		
联系地址		邮箱		
学术或社会兼职				

个人简历	（主要学习、工作简历）
发表论文	（与民居研究的相关论文，写明发表时间、论文题目、期刊或会议名称、作者及本人排名）
出版著作	（与民居研究相关的著作，写明出版时间、书名、出版社、字数、作者及本人排名）

科研项目	（与民居研究相关的科研项目，注明项目起止年月、项目名称、委托单位、参与人数及本人排名和项目状态：如在研、结题等）
工程实践	（与民居研究相关的工程实践，注明项目建设时间、项目名称、地址、建设或委托单位、参与人数及本人排名）
获得奖项	（所获的与民居研究相关的奖项，注明获奖类别、奖项名称、获奖年月、授奖单位、获奖级别、奖项等级、获奖人数及本人排名、单位总数及本单位排名。其中，获奖类别包括科研、教学、技改、论文、著作、教材、专利、其他；获奖级别包括国际、国家、省部、厅局、校级、其他；获奖等级包括特等、一等、二等、三等、其他）

民居建筑专业委员会 意见	（盖章） 年　月　日
中国民族建筑研究会 意见	（盖章） 年　月　日

3

民居会议概况与回顾（2010—2013）

3.1 传承地域文脉，守望文化家园
——第十八届中国民居学术会议纪要

高宜生　邓庆坦

我国古代建筑文化，不仅留存于浩如烟海的古代典籍，更积淀在全国各地城市乡村的古道巷陌、乡土民居之中。传统民居犹如其中的一颗璀璨明珠，其所承载的丰富的地域建筑文化与以宫殿、衙署为代表的官式建筑文化相映生辉，共同构筑了博大恢弘的中国传统建筑大厦。传统民居植根于地域文化，不仅反映了不同地域、民族的地理环境、人文精神和审美情趣，也凝聚了中华先民在与自然环境世代抗争中积累的营造经验，是广大人民智慧的结晶和宝贵的文化财富。

作为地域建筑文化与传统民居保护研究的最高学术峰会，第十八届中国民居学术会议肩负着传承民族文化薪火、应对时代挑战的历史重任。会议经过近一年的筹备，于2010年10月15日在山东建筑大学隆重召开。本届会议由山东建筑大学、中国民族建筑研究会民居建筑专业委员会、中国建筑学会建筑史学分会民居专业学术委员会、中国文物学会传统建筑园林委员会传统民居学术委员会联合主办，山东建筑大学建筑城规学院承办。来自全国各地、长期从事民居建筑研究和保护工作的专家学者，群贤毕至、济济一堂，就"传统民居与地域文化、传统民居的生态智慧、快速城镇化进程中传统民居保护利用"三个主题进行了深入的学术交流。学术主题涵盖了传统村落与民居调查、传统民居营造技术、传统民居与当代地域性建筑创作等经典性论题，同时针对生态视阈下的传统民居研究、城市化挑战下的传统民居保护等前沿性、前瞻性课题进行了深入研讨。

出席第十八届中国民居学术会议开幕式的嘉宾有：中国建筑学会副理事长、中国民族建筑研究会常务副会长李先逵，国家住房和城乡建设部村镇建设司村镇规划处副处长卫琳，中国民族建筑研究会民居建筑专业委员会主任委员陆琦，山东省教育厅副厅长郭建磊，山东省住建厅巡视员丛吉东，山东省文化厅副厅长谢治秀，山东省文联主席、山东工艺美院院长潘鲁生，中国建筑工业出版社总编辑沈元勤，中国民族建筑研究会民居建筑学术委员会原主任委员，华南理工大学教授陆元鼎，中国民族建筑研究会副会长、清华大学教授单德启，中国民族建筑研究会副会长、东南大学教授朱光亚，中国民族建筑研究会副会长马炳坚，天津大学建筑学院党总支书记张玉坤等。出席会议的山东建筑大学校领导有：党委书记薛允洲，校长王崇杰。会议开幕式由山东建筑大学副校长、建筑城规学院院长刘甦主持。来自我国内地及港澳台的知名专家学者共计90余人，他们围绕会议主题，推出一系

列高水准学术讲座和学术讲演。为了迎接第十八届中国民届学术会议的召开，刘甦教授主编的《传统民居与地域文化——第十八届中国民居学术会议论文集》，已由中国水利水电出版社正式出版；由建筑城规学院编纂、荟萃齐鲁建筑文化研究与建筑创作成果的《海右学丛——山东建筑大学齐鲁建筑文化研究与设计实践》，也已结集付梓。

山东建筑大学作为一所以工科为主，以土木建筑学科为特色，多学科并蓄发展的高等院校，建校50余年来，坚持走"质量立校、科研兴校、人才强校"之路，为山东省建设事业的发展作出了重要贡献。山东建筑大学植根于丰厚的齐鲁传统文化土壤，在传统民居研究与遗产保护领域形成了雄厚的学术积累；2007年挂牌成立的山东建筑大学齐鲁建筑文化研究中心，被命名为山东省首批非物质文化研究基地，成为齐鲁建筑文化研究的学术重地。近年来，山东建筑大学在传统建筑遗产保护领域取得了一系列重大的突破：纬一路老别墅迁建，开创了国内历史建筑最远距离的整体迁移纪录；凤凰公馆、胶东海草房的营造，为快速城镇化进程中建筑遗产的保护提供了新思路。这些生态视域下传统营造技术的开发利用成为我国建筑遗产保护领域研究开拓性的探索。

第十八届民居学术会议历时4天，于2010年10月18日结束。会议包含开幕式、主题报告、分会场学术研讨、闭幕式及会后参观考察五大环节。其间还举办了凝聚内地及港澳台地区诸多学者民居研究之大成的最新学术成果——《中国民居》系列丛书及各地域民居图片全国巡回展开幕仪式、中国古代建筑研究系列讲座等学术活动。

综合来看，此次会议的特点主要表现在以下几个方面：

第一，此次会议出席人数仅次于第十六届民居会议，与会专家学者共计90余位。

第二，会议资料非常丰富。除会议论文集外，大会还收到华南理工大学陆元鼎教授赠书《中国民居建筑年鉴（1988—2008）》、浙江省永嘉县博物馆的赠书及由我校建筑城规学院编撰的《海右学丛》第一辑、《张润武教授建筑画》专辑等。

第三，学术氛围浓厚，大会期间组织的学术讲座多达7次，众多学者精彩的学术报告成为学术交流与研究的平台。

山东建筑大学经过不懈的探索和长期的发展，为本届民居会议的召开奠定了坚实的学术基础。学校将以本届民居会议的召开为契机，抓住机遇、凝聚共识，进一步推动齐鲁建筑文化研究与遗产保护事业的发展，为推动我国特别是我省城乡建设的健康、可持续发展作出新的、更大的贡献。

祝中国民居学术会议越办越好！

3.2 传统民居建筑文化的传承与创新
——第十九届中国民居学术会议综述

陶　媛　孙杨栩　唐孝祥

摘要： 2012年10月，第十九届中国民居学术会议在广西南宁隆重召开。会议以"传承与创新"为主题，就"传统村落及民居的保护与发展"、"传统民居与地域文化研究"、"城市更新中历史文化街区的保护与利用"、"传统民居元素在现代建筑设计中的应用"四个方面展开深入的交流与探讨。

关键词： 中国民居学术会议　传统民居　历史街区　传承与创新

2012年10月23日至25日，第十九届中国民居学术会议在广西南宁市南国弈园隆重召开。此次会议由中国民族建筑研究会民居建筑专业委员会、中国建筑学会建筑史学分会民居专业学术委员会、中国文物学会传统建筑园林委员会传统民居学术委员会主办，广西华蓝设计（集团）有限公司和广西大学土木建筑工程学院共同承办，来自北京、上海、辽宁、江苏、湖北、四川、云南、广东、新疆维吾尔自治区、内蒙古自治区等省、市、地区的逾130名代表参加会议。围绕"传承与创新"的主题，会议论文集共收录论文100余篇，会议期间共举行9场主题报告和42场小组报告，与会人员就"传统村落及民居的保护与发展"、"传统民居与地域文化研究"、"城市更新中的历史文化街区保护与利用"、"传统民居元素在现代建筑设计中的应用"四个方面展开热烈探讨，充分展现近年来民居文化传承与创新方面的研究成果。

一、传统村落及民居的保护与发展

"传承与创新"是本次会议主题，专家们最热议的论题之一即"传统村落与民居的保护与发展"。中国民居建筑专业委员会主任委员、华南理工大学建筑学院陆琦教授在题为《广东古村落建设规划与思考》的主题报告中，从广东古村落保护状况、古村落发展思考和古村落建设规划三方面阐述，并结合大量实地考察，具体村落规划案例分析。他认为"历史文化村镇"等概念及相应评估体系对传统聚落核心价值的提炼具有局限性。诸如空心村镇、现代环境病、村落衰败等现象的出现，就在于"当前大多数对传统聚落的研究未从可持续发展的角度出发，未透彻理解传统人居环境的核心价值，也未能以系统观和协同论的方法去解决传统聚落居民面临的现实问题。"陆教授的讲演引发了与会代表们对当下传统村落的保护规划更多的思考：有代表分析宁夏回族自治区西海固回族聚落营建的关键问题，有代表以湖北西北村落为例，探讨当代聚落更新中聚落、建筑、营建层面出现的问题，这些都对当代聚落建设提出指导性意见。

而对于传统民居的可持续发展，也有不少专家给出了自己的见解。在分组讨论中，天津大学建筑学院梁雪教授做了《传统民居的再利用——李纯祠堂不同历史时期的空间划分和使用特点》的汇报演讲，通过分析李纯祠堂的功能变化，不同历史时期的空间划分和使用特点，为我们展示中国传统合院式布局在空间划分和使用上的灵活性，加深了关于合院式布局的理解以及关于传统民居建筑在新时期的多样化使用的理解。代表通过对青海河湟地区庄廊民居的研究，探索多民族聚居地区传统民居的更新模式，认为新民居建设应延续传统民居营建智慧，将新技术与传统本土技艺有机融合，注重多元民族建筑的文化传承，建立适宜的传统民居更新模式。讨论会上，代表们秉承"传承与创新"的主旨，紧密结合村落地域特色，为传统村落及民居的保护与发展探寻新的出路。

二、传统民居与地域文化研究

"传统民居与地域文化"历来是民居学术界探讨的核心话题之一，本次会议也不例外。"乡土聚落作为地区性或民族性民居建筑的集合，在其形态上并非仅仅表现为民居建筑的集合，更显现出与集聚地点的人文环境与自然环境的特征。人文环境的群体性特征和自然环境的基础性特征反映在聚落环境的建构共识上，从而相互叠合形成聚落的形势状态。"北京建筑工程学院（现北京建筑大学）建筑与城市规划学院的范霄鹏教授在题为《集聚＋微地形——乡土聚落形势构成》的报告中，从集聚与乡土聚落格局、微地形与聚落形态、第六立面与聚落形势三个方面展开论述，充分阐释人文环境与自然环境对乡土聚落产生的影响。西南交通大学建筑学院陈颖教授在题为《甘孜藏族自治州城镇与民居概述》的报告中，从平面布局、建筑结构、建筑材料等方面为我们展示四川甘孜州藏族传统民居持续发展的营建理念和建筑表达的多元文化。

就传统民居与地域建筑文化研究这一议题，诸多学者通过具体实例进行深入分析与诠释。有代表分析山西晋东南地区乡村聚落形式，并以地域气候特征为线索，从乡村聚落民居形式及乡村聚落公共建筑形式两方面展开，探讨了晋东南地区乡村聚落的形态特征及深层影响因素，认为应当从研究乡村聚落的整体、各类建筑与整体的关系及彼此之间的关系着手对民居进行研究。也有代表通过对广西壮族干栏民居在结构技术、平面功能、建筑材料等方面的深入研究，探讨广西壮族干栏民居结构形式的演变，对于我们了解广西社会历史的变迁、建筑文化的传播、匠师谱系的分布以及探索民居演变背后的驱动因素具有重要的意义。还有代表分析云南少数民族民居地域文化与建筑风格特色，认为传统民居具有强地域性、强景观性和强生态性，同时地域经济条件对民居建筑形式变化有一定限制，若是经济力量强，则房屋构造装修也随之而讲究，如经济条件改变，则建筑标准也随之变化。另外，会议上还有关于东北、四川、陕西、湖北等各地区传统民居与地域文化的研究汇报。

我国幅员辽阔，民族众多，地域文化的多样孕育了民居建筑丰富的性格特征。各地域的民居建筑虽各具特色，但我们不难看出对于传统民居的保护及更新发展，都呈现共同趋势，那就是在关注结构、技术等物质基础的同时，更加以人为本，注重民居建筑的文化内涵及地域特色，并以可持续发展的视角探索传统民居建筑的发展新道路。

三、城市更新中历史文化街区的保护与利用

在当今中国城乡建设大潮中，传统村落民居文化是中乡村发展的重要基石，而历史文化街区的传承与更新也对城市发展具有重要意义。苏州科技大学建筑城规学院雍振华教授在题为《浅谈历史街区仿古建筑设计中的文脉传承》的汇报中，指出很多新建的仿古建筑与遗留的传统建筑存在着或多或少的差异，若在历史街区中差异则更为明显。他结合苏州木渎镇的山塘街巡检司仿古建筑设计，探讨了是什么导致差异的出现，用怎样的方法可以消弭这些差异，使仿古建筑真正能够与留存的历史文化街区融为一体，并阐述了仿古建筑设计中的文脉传承与肌理表现，这对我们今后历史街区仿古建筑的创作设计具有一定的启示作用。

历史文化街区作为城市最具文化特色的场所，其保护与利用问题也引起代表们强烈关注。有代表对温州五马、墨池等四个历史街区的保护和更新规划进行研究，阐述街区的历史价值、保护更新中遇到的矛盾问题，认为应秉承可持续的保护原则，遵循街区特征，明确功能定位，并提出在保护的框架范围内合理改造或开发能与传统共存的新型住宅是一个值得探索的路子；有代表以江门市新会中心景观街区保护规划为例，探寻城市更新中岭南特色街区风貌保护与利用的问题；还有代表以福建厦门同安地区历史街区的文物及风貌建筑的保护情况为例，探讨保护的若干要素控制原则以及可持续性的保护发展策略。另外，还有代表选取南宁、大连、苏州等各城市的历史文化街区进行分析。总体而言，代表们从多个角度分析现今历史文化街区保护与利用的现状和所反映的诸多问题，提出更新中的保护原则与策略，不断推进历史街区的良性发展。

四、传统民居元素在现代建筑设计中的应用

对传统民居及其文化的深入研究，不仅在于对传统建筑的系统归纳和总结，更重要在于吸取传统建筑的精髓，运用传统元素应用并服务于现代建筑设计。本次会议在由承办单位广西华蓝设计（集团）有限公司研究院设计的"南国弈园"中举行，会上其主创人员分别阐述了南国弈园的创作理念和生态技术：总建筑师徐洪涛先生在题为《在现代建构中置入传统——以南国弈园的创作实践为例》的主题汇报中，提出在当今建筑体系西化、建筑传统缺失的巨变中，强调要还原建筑的本质，并将建构学作为一种中国建筑文化救赎的策略。他通过探讨现代建构中关注的类型、地形、建构等三个基本问题，提出在现代建构中坚持建筑本质、关注文化传统、融合现代形态，寻找中国本土当代建筑的方向，为当代建筑设计创作提供可供参考的新思路。另一方面，副总建筑师张霖女士还从绿色建筑的角度进一步研究分析南国弈园的创作案例。她指出千百年来，人类为应对自然气候、创造舒适空间，积累了丰富的经验和技术，穿堂风即是流传至今的经验之一，并着重分析南国弈园结合穿堂风原理，利用现代自然通风技术，取得可观的建筑节能效果。她还提出民居的技术瑰宝有待绿色建筑师挖掘、运用、发扬光大。

此外，郑州大学建筑学院郑东军教授在题为《传统民居的现代传承：以河南荥阳地域建筑文化

与当代城市建设研究为例》的主题报告中，解答了为什么研究地域建筑文化、荥阳市地域建筑文化有何特色、如何指导荥阳市当代建筑实践三个核心问题，并针对地域建筑文化研究的理论如何落地、如何指导建设实践，提出了曲态、砖艺、符号、色彩等四种设计方法，而不单是对传统形式简单复制，这些方法解放了建筑师的手脚，提供了再创造的舞台，使传统民居的传承发展走向可持续道路。

就传统民居元素在现代建筑设计中的应用这一话题，代表们研究和探索的触角较往届更多面，视野更开阔，力求运用传统民居的精髓为现代建筑发展注入新的活力。

在大会开幕式上，中国民族建筑研究会常务副秘书长叶广云女士宣读了中国民族建筑研究会关于授予第二批"中国民居建筑大师"称号的决定，并请第一批"中国民居建筑大师"陆元鼎先生、朱良文先生、黄浩先生为第二批"中国民居建筑大师"业祖润女士、陈震东先生、黄汉民先生颁发"中国民居建筑大师"荣誉证书；大会共评选出10篇优秀学生论文并在大会闭幕式上颁发获奖证书。作为第二十届中国民居学术会议承办单位的代表，内蒙古工业大学建筑学院副院长王卓男教授在闭幕式上介绍了2014年中国民居学术会议的筹备计划。会议期间，大会安排考察了南宁市内的黄氏家族民居、陈东村、罗文村韦氏祖屋，并组织到广西境内的黄姚古镇、朝东镇、莲花镇等颇具地方文化特色的传统聚落进行考察。其间，代表们对广西传统民居有了亲身了解和感受，并积极为其保护和发展献计献策。

3.3 第九届海峡两岸传统民居理论学术研讨会会议纪要

会议组

由中国建筑学会建筑史学分会民居专业学术委员会、中国民族建筑研究会民居建筑专业委员会等主办的第九届海峡两岸传统民居理论学术研讨会于 2011 年 11 月 3 日在福州大学召开。会议由福州大学建筑学院承办。

来自日本、中国大陆、中国台湾、中国澳门等海内外逾 100 位民居专家齐聚一堂，以"中国民居建筑与文化的延续与创新"为主题，分"历史建筑及其保护研究"、"传统聚落文化与城市新社区营建"、"传统民居中生态智慧与低碳模式研究"、"传统民居与海峡西岸经济建设"等议题展开为期 4 天的讨论和交流。会议共收录学术论文 112 篇，其中 52 篇在分会上宣读。

研讨会期间，专家们还参观了福建土堡摄影展，考察福州宏琳厝古民居群、明清历史街区三坊七巷、近代船政工业遗产，宁德市屏南县棠口乡漈头村、漈下村、万安桥、千乘桥、百祥桥，宁德市蕉城区霍童镇，福安市溪潭镇廉村、溪柄镇楼下村等历史文化名村。

此次研讨会大大促进了海峡两岸建筑学界的交流与合作，对两岸传统民居理论的构建以及传统文化的传承与创新有着积极意义；同时，也有利于进一步发掘我国优秀的建筑文化遗产、保护祖国固有的文脉，增强对中华民族的认同感。

3.4 "中国建筑研究室成立 60 周年纪念暨第十届传统民居理论国际学术研讨会"纪要

会 议 组

2013 年 11 月 16 日至 17 日，"中国建筑研究室成立 60 周年纪念暨第十届传统民居理论国际学术研讨会"在南京钟山宾馆隆重举行。大会由东南大学建筑学院牵头，与中国民族建筑研究会民居建筑专业委员会、中国建筑设计研究院建筑历史研究所、华东建筑设计研究总院、城市与建筑遗产保护教育部重点实验室（东南大学）合作主办。来自德国、奥地利、瑞士、日本、韩国、马来西亚、中国台湾、中国香港、中国澳门以及中国大陆各地的专家学者、文物局领导等共 200 余名代表出席参会。

1953 年，"中国建筑研究室"在南京工学院（现东南大学）成立，适值 60 周年，举办此次会议意义深刻。东南大学建筑学院院长王建国教授、中国建筑学会建筑史学分会会长吕舟教授、中国民族建筑研究会民居建筑专业委员会原主任委员陆元鼎教授、中国建筑设计研究院建筑历史研究所陈同滨所长、华东建筑设计研究总院汪孝安总建筑师，分别从不同的角度为开幕式致辞，纪念前贤、弘扬精神。

东南大学建筑学院陈薇教授、东南大学出版社江建中社长共同主持了《中国建筑研究室口述史（1953-1965）》（东南大学建筑历史与理论研究所编）、《刘敦桢·瞻园》（叶菊华著）两本书的首发式，向口述史的部分作者代表及原中国建筑研究室的合作单位负责人赠书。

大会学术报告人包括：日本东京大学副校长西村幸夫教授、中国建筑设计研究院建筑历史研究所陈同滨所长、中国民族建筑研究会副会长李先逵先生、东南大学刘叙杰教授、原中国建筑研究室成员叶菊华总工、韩国成均馆大学李相海教授等 14 位嘉宾。学术报告及广大中青年学者和学子参与的专题报告，就史学史、民居与建筑创作、非地域化的地域性、民居遗产保护的问题与策略等展开研讨、交流思想、切磋学问。

会议气氛热烈，老中青济济一堂，学术探讨与实践探索相映成趣，中外学者交流深入，尤其在传承"中国建筑研究室"的创新精神、开拓民居及建筑历史研究的视野方面，呈现新的局面。大会获得圆满成功。

本次会议注册的到会人数共 154 人，邀请到原中国建筑研究室成员 5 人。参会人数 200 人左右。大会主题发言 14 篇，收到会议论文 101 篇。

"史学史暨中国建筑研究室 60 年回顾"收到论文 9 篇。不仅比较深入地对中国建筑研究室及刘敦桢先生史学研究的内容与方法展开了思考，对刘敦桢先生开创的住宅、园林研究史进行了总结与探索，在总结与反思的基础上，还对今后的研究方向进行了探讨。比如，对江南乡土建筑营造技艺研究方法的探索。

　　"非地域化的地域性"收到论文43篇，是四个专题中数量最多的一个。成果丰硕，地域跨度几乎覆盖整个中国，包括了多民族、多类型的建筑，探讨了聚落格局、院落组织、样式构造、彩画装饰、景观植被、习俗信仰以及传统工艺等多方面内容。在深度和广度上都有很大的拓展。学者们还展开了跨越地域的比较与思考。

　　"民居与建筑创作"论文17篇，除了探讨样式与创作的关系之外，还有很多有意思的新的探讨，比如对传统民居热工效能的实验性分析，对传统材料以及秸秆材料的重新运用的创造性分析，以及对乡村营造模式与社区参与的探讨等。

　　"民居遗产保护的问题与策略"论文32篇，提供了中国以及亚洲、欧洲多样的保护案例，既有抽象的理论思考，有刚性的保护法规的探索，又有非常具体的实际操作技艺的讨论。关于东亚木结构民居建筑的保护，在世界遗产的普适性保护理念下，如何探索自己原则与方法，对于传统建筑如何安全、合理地适应新的使用需求，都进行了有启发性的探索。

4

缅怀民居建筑学术活动的领导与专家

一、缅怀民居建筑学术活动的卓越专家与领导——罗哲文

中国古建筑学家、国家文物局古建筑专家组组长、中国文物研究所原所长、中国民族建筑研究会顾问罗哲文先生因病医治无效，于 2012 年 5 月 14 日在北京逝世，享年 88 岁。

罗哲文，中国古建筑学家，第一届中国民族建筑终身成就奖获得者，1924 年出生，四川宜宾人。1940 年考入中国营造学社，师从著名古建筑学家梁思成、刘敦桢等。著有《中国古塔》、《中国古代建筑简史》、《长城》、《长城赞》、《长城史话》和《中国帝王陵》等专著，发表了大量有关文物古迹、历史名城诗词和摄影作品。

1946 年，在清华大学与中国营造学社合办的中国建筑研究所及建筑系工作。1950 年起一直从事中国古代建筑的维修保护和调查研究工作。曾任国家文物局古建筑专家组组长、中国文物学会会长、中国长城学会副会长、国际古迹遗址理事会中国委员会副主席，中国民族建筑研究会顾问，是我国文物保护事业的奠基人之一，是我国第一批享受国务院政府特殊津贴的专家。

（资料来源：民族建筑 2010 年 6 月）

二、缅怀民居建筑学术活动的卓越领导人——汪之力

汪之力院长，20 世纪 50 年代原建筑工程部建筑科学研究院院长、党委书记，一直以来，关心古建筑和传统民居学术研究。曾担任中国建筑学会领导人。他关心建筑史学会的工作，倡议中国建筑学会建筑史学会属下成立古代建筑史、民居、园林、近代建筑、古建筑保护等学术委员会。他退休后仍担任中国圆明园学会领导工作，同时，还亲自调研村镇民居，曾亲自赴闽、粤地区进行民居与村落调查，于 1994 年 3 月在 80 多岁高龄下还主编了《中国传统民居建筑》一书，该书由山东科技出版社于 1994 年出版。

汪之力同志是中国建筑学会建筑史学分会民居专业学术委员会的顾问，又是中国文物学会传统建筑园林委员会传统民居学术委员会的顾问，是我们民居建筑学术研究和学术团体的领导者和积极创议者。

汪之力同志于 2010 年 12 月 26 日因突然头晕，心肌梗塞，即送医院抢救无效，不幸逝世，享年 96 岁，我们失去一位关心民居建筑的卓越领导人和长者，感到无限悲哀，特致缅怀。

（资料来源：陆元鼎提供）

三、缅怀古建筑专家，关心民居建筑研究的敬爱前辈——杜仙洲

我国古代建筑保护专家、中国民族建筑终身成就奖获得者、中国文化遗产研究院教授级高级工程师杜仙洲因病医治无效，于 2011 年 5 月 24 日在北京逝世，享年 96 岁。

杜仙洲，1915 年 11 月 16 日出生于河北迁安，1942 年北京大学建筑工程系毕业。曾任华北建设总署、北京文物整理委员会、文化部古代建筑修整所、中国文化遗产研究院教授级高级工程师。中国建筑

学会、中国长城学会、中国紫禁城学会顾问，又任长城、明十三陵、颐和园、恭王府等重大国家文物修缮工程技术负责人、顾问等。

杜仙洲先生主编有《中国古建筑修缮技术》（获国家科技图书二等奖）、《中国少林寺·建筑卷》、《山西永乐宫》、《中国古建筑概论》等书，又参加编写《中国古建筑明清彩画集》、《中国古代建筑技术史》、《梵宫——中国佛教建筑》等书，为中国古建保护修缮作出了重大贡献。

杜仙洲从事古建保护修缮工作60年，工作认真负责、兢兢业业、无私奉献、一生平易近人，关心青年，退休后仍对我国古建事业和历史文化名城的保护作出贡献，晚年十分关心古民居的保护和传承工作，他撰写了《传统民居与研究——漫谈北京四合院》一文，在2010年4月18日又专函民居专业学术委员会叙述了古建技术与民居的成就，并表达了对当前城乡建筑事业发展中的忧虑，并对我们青年民居研究者的殷切期望，杜老先生语重情深，永远是我们学习的榜样。

（资料来源：王仲奋提供）

四、缅怀民居建筑事业发展的敬爱前辈、学术委员——王翠兰

王翠兰，教授级高级建筑师，女，1925年3月出生，河北省正定县人。1947年参加革命工作，1954年加入中国共产党，曾任云南省设计院副总建筑师、代总工程师。

王翠兰同志，1948年南京中央大学建筑系毕业，1947年在中央大学参加党的外围组织"新青社"，参加领导学生游行罢课活动。1949年参加中国人民解放军西南服务团，1950年3月到昆明，1953年在云南省建工局设计室、省设计院等单位任技术员、建筑师、高级建筑师、副总建筑师，1988年离休、享受副厅级待遇，并任设计院顾问、总建筑师，1985—1989年任云南工学院兼职教授及研究生导师、任中国建筑学会创作委员会委员，1995年任中国建筑学会建筑史学分会民居专业学术委员会委员，同年又任中国文物学会传统建筑园林委员会传统民居学术委员会委员等职。

40多年来，王翠兰同志从事建筑设计工程数十项，多次获大奖，如昆明饭店2号楼（获省优秀设计奖），厨卫定型隔断住宅方案（获建设部1987年国际住房年"七五"城镇住宅优秀设计奖）等。1961年起主持云南民居调查，历时三十余年，包括滇西、滇西北、滇南等边远县的村寨民居，通过大量调查、搜集、抢救、提供有价值的民居史料和实物图纸，出版了《云南民居》（主编）并获1988年全国优秀科技图书建设部二等奖，《云南民居》续集（主编）获1988年省科技进步二等奖，此外，又主编出版了《中国建筑艺术全集·宅第建筑（四）·南方少数民族》、《中国民族建筑（第一卷云南篇）》、《中国建筑·大理白族民居》（台湾版）等著作。此外并写有论文二十余篇。

2011年7月17日，王翠兰同志因病医治无效，在昆明医学院第一附属医院逝世，享年86岁。王翠兰同志任劳任怨，为云南建筑事业，民居建筑学术研究作出了毕生努力，我们失去了一位优秀的学术前辈，感到无限悲痛并致以深切的缅怀。

（资料来源：云南省设计院陈谋德，补充：陆元鼎）

5

资料篇

5.1　民居学术会议概况（2010—2013）——民居建筑专业与学术委员会

5.1.1　民居学术会议概况

届次	会议时间	地点	承办与主持单位	参加人数	论文集	会议主题	会议成果
十八	2010.10.12—17	济南、淄博、栖霞、威海	山东建筑大学	109人（包含中国台湾代表）	81篇	1. 传统民居与地域文化； 2. 传统民居中的生态智慧发掘与研究； 3. 快速城镇化进程中传统民居保护与可持续发展	会议中举办中国民居建筑照片展览； 会议正式出版论文集《传统民居与地域文化》（中国水利水电出版社）； 会议评出"青年优秀学术论文"10篇
十九	2012.10.23—28	南宁、贺州、富川	广西华蓝设计(集团)有限公司、广西大学土木建筑工程学院	119人	106篇	民居的传承与创新 1. 城市更新中历史文化街区保护与利用； 2. 传统民居元素在地域性现代建筑设计中的应用； 3. 民居生态技术在绿色建筑设计的应用； 4. 传统民居与地域文化	评出"青年优秀学术论文"10篇； 会议前刊印论文集上下册

5.1.2　海峡两岸 / 国际传统民居理论学术研讨会

届次	时间	地点	承办与主持单位	参加人数	论文集	会议主题	会议成果
九	2011.11.3—8	福州、屏南、福安	福州大学建筑学院	113人（包括中国台湾、中国澳门代表）	112篇	中国民居建筑与文化的延续与创新 1.历史建筑及其保护研究； 2.传统聚落文化与城市新社区营建； 3.传统民居中生态智慧与低碳模式研究； 4.传统民居与海峡两岸经济建设	会议前刊印论文集 评出青年优秀学术论文10篇
十	2013.11.16—17	南京	东南大学建筑学院	213人（包括奥地利、瑞士、德、美、日、韩、马来西亚等国和中国香港、中国澳门、中国台湾等代表）	101篇	中国建筑研究60周年纪念暨第十届传统民居理论学术研讨会 1.史学史暨中国建筑研究室60周年回顾与展望； 2.非地域化的地域性； 3.民居与建筑创作； 4.民居遗产保护的问题与策略	会议前刊印论文集上下册

5.2 中国传统民居论著文献索引（2010—2013）

陈 茹 胡 辞

5.2.1 民居著作中文书目 (2010.01—2013.12)

陈 茹

书名	作者	出版社	出版时间
2010 年			
土楼	王忠强	吉林文史出版社	2010
四合院	王忠强	吉林文史出版社	2010
碉楼	王付君	吉林文史出版社	2010
中国民居	单德启	五洲传播出版社	2010
娄底古民居研究	段振榜	湖南美术出版社	2010
苏州传统民居图说	马振暐 陈 伟 陈瑞近	中国旅游出版社	2010
云南省民族民居建筑设计方案图集 拉祜族民居	云南省住房和城乡建设厅	云南科技出版	2010
杭州的井	陈祥荣	中国美术学院出版社	2010
中国建筑	蔡燕歆	五洲传播出版社	2010
窑洞	冯 秀	吉林文史出版社	2010
中国民居文化	刘丽芳	时事出版社	2010.01
中国民居 英文版	单德启（著） 王德华（译）	五洲传播出版社	2010.01
吉林建筑文化研究	袁敬伟 张俊峰	吉林文史出版社	2010.01
凝固的艺术——建筑艺术	谢 宇	百花洲文艺出版社	2010.01
木街诗画	余 工	江西美术出版社	2010.01
中国园林 英汉对照	方华文	安徽科学技术出版社	2010.01
楠溪江中游	陈志华 李秋香	清华大学出版社	2010.01
中国西部古建筑讲座	张驭寰	中国水利水电出版社	2010.01
中国传统建筑图鉴	宋 文	人民出版社	2010.01
"十一五"文化遗产保护领域国家科技支撑计划重点项目论文集1古代建筑保护技术及传统工艺科学化研究	科技部社会发展科技司 国家文物局博物馆与社会文物司（科技司）	文物出版社	2010.01
《鲁班经匠家镜》研究 叩开鲁班的大门	陈耀东	中国建筑工业出版社	2010.01
山地栖居 场景建筑钢笔写生画选集	毛 刚	中国建筑工业出版社	2010.01
山墅诗画	余 工	江西美术出版社	2010.01
中国室内设计历史图说	李 洋 周 健	机械工业出版社	2010.01
九龙攒珠 巢湖北岸移民村落的规划与源流	张靖华	天津大学出版社	2010.01
中国传统建筑室内装饰艺术	朱广宇	机械工业出版社	2010.01
建筑风水美学	覃兆庚	深圳报业集团出版社	2010.01

续表

书名	作者	出版社	出版时间
传统堡寨聚落研究　兼以秦晋地区为例	王　绚	东南大学出版社	2010.01
民间住宅建筑	中国建筑工业出版社	中国建筑工业出版社	2010.02
黄河流域史前聚落与城址研究	张新斌	科学出版社	2010.02
义乌古建筑	义乌市城建档案馆	上海交通大学	2010.03
画说青岛老建筑	窦世强（绘）　李明（文）	青岛出版社	2010.03
中国古建筑源流新探	张驭寰	天津大学出版社	2010.03
论建筑场	丁　宁	中国建筑工业出版社	2010.03
民族民间艺术瑰宝　石板房	马启忠	贵州民族出版社	2010.04
上海石库门风情画	徐逸波　翁祖亮　郑祖安	上海锦绣文章出版社	2010.04
客家民居记录　围城大观	张　斌　杨北帆	天津大学出版社	2010.04
客家民居记录　从边缘到中心	张　斌　杨北帆	天津大学出版社	2010.04
民族民间艺术瑰宝　吊脚楼	麻勇斌	贵州民族出版社	2010.04
重庆近代城市建筑	欧阳桦	重庆大学出版社	2010.04
气候与建筑形式解析	张　鲲	四川大学出版社	2010.04
宁波老建筑	徐文浩	宁波出版社　上海古籍出版社	2010.04
中国建筑文化简史	沈福煦	中华书局	2010.04
中国土家族民居	彭剑秋	天马出版有限公司	2010.04
陶器生产、聚落形态与社会变迁　新石器至早期青铜时代的垣曲盆地	戴向明	文物出版社	2010.04
良渚文化与中国文明的起源	周　膺	浙江大学出版社	2010.04
福建晋江流域考古调查与研究	福建晋江流域考古调查队	科学出版社	2010.04
微"盐"大义　云南诺邓盐业的历史人类学考察	舒　瑜	世界图书出版公司	2010.04
世界遗产视野中的历史街区　以绍兴古城历史街区为例	阙维民　戴湘毅　张　洁　张冰雪　张　雪	中华书局	2010.04
秦安大地湾　新时器时代遗址发掘报告（上下）	甘肃省文物考古研究所	文物出版社	2010.04
西蜀园林	陈其兵　杨玉培	中国林业出版社	2010.05
见证建筑魅力	宁正新	中央编译出版社	2010.05
北方民居	李秋香　罗德胤　贾　珺	清华大学出版社	2010.05
福建民居	李秋香　罗德胤　贺从容	清华大学出版社	2010.05
赣粤民居	李秋香　楼庆西　叶人齐	清华大学出版社	2010.05
浙江民居	李秋香　罗德胤　陈志华	清华大学出版社	2010.05
西南民居	吴正光	清华大学出版社	2010.05
走进中国古建筑	张驭寰　陶世安	机械工业出版社	2010.06
晋江古建筑	曹春平	厦门大学出版社	2010.06
乡土之美：新农村景观文化营造研究（汉英对照）	施俊天　徐华颖	辽宁民族出版社	2010.06
地理信息系统技术与三峡库区聚落考古研究	王宏志	科学出版社	2010.06

续表

书名	作者	出版社	出版时间
人文开江　县域社会与文化个案研究	孙和平	巴蜀书社	2010.06
三峡地区早期市镇的考古学研究	李映福	巴蜀书社	2010.06
民间信仰与区域社会　中国民间信仰研究论文选	叶　涛　周少明	广西师范大学出版社	2010.06
江南文化研究　第4辑　江南文化与中国社会研究专辑	梅新林　王嘉良	学苑出版社	2010.06
贺州客家	韦祖庆　杨保雄	广西师范大学出版社	2010.06
中华民居	刘爱华	农村读物出版社	2010.06
徐州传统民居	季　翔	中国建筑工业出版社	2010.06
云南藏族民居	翟　辉　柏文峰　王丽红	云南科技出版社	2010.06
图解鲁班经　白话图解本	（明）午　荣	陕西师范大学出版社	2010.06
华夏营造　中国古代建筑史	王其钧	中国建筑工业出版社	2010.07
中国近代建筑研究与保护7	张复合	清华大学出版社	2010.07
骈建江南民居色彩写生实记	骈　建	中国纺织出版社	2010.07
古镇　老村　旧房子　喻湘龙毛笔民居写生集	喻湘龙	广西美术出版社	2010.07
民居探秘	马亚利	化学工业出版社	2010.07
城市与区域规划研究 2010 人居环境科学（第3卷、第3期、总第9期）	吴唯佳　武廷海	商务印书馆	2010.07
耿马石佛洞	文物出版社	文物出版社	2010.07
民居测绘　尺度的感悟	吴　昊	中国建筑工业出版社	2010.07
中国建筑艺术史	钱正坤	湖南大学出版社	2010.08
影像记忆7　西安於我：一个规划师眼中的西安城市变迁	和红星	天津大学出版社	2010.08
遥远的村居　良渚文化的聚落和居住形态	王宁远	浙江摄影出版社	2010.08
广西世居民族文化丛书　瑶风鸣翠	冯　艺	广西民族出版社	2010.08
细说蒙古包	郭雨桥	东方出版社	2010.08
巧夺天工的中华建筑事典	毕　军	时代文艺出版社	2010.08
生土建筑的生命机制　会呼吸的生命体·居住的原文化·真正的零排放	王晓华	中国建筑工业出版社	2010.09
中国古代建筑全集	肖　瑶　田　静	西苑出版社	2010.09
门窗艺术	黄汉民	中国建筑工业出版社	2010.09
中国民居艺术赏析	张新荣	东南大学出版社	2010.09
客裔族群聚落生态之变迁　从蓬莱村及南庄乡客裔聚落之边界说起	范振干	南天书局有限公司	2010.09
人居环境与风水	于希贤	中央编译出版社	2010.09
文化遗产保护研究	同济大学建筑与城市规划学院	中国建筑工业出版社	2010.09
西黄石古村	薛林平	中国建筑工业出版社	2010.09
第二届历史建筑遗产保护与可持续发展国际会议论文集	天津市历史风貌建筑保护委员会，天津大学，天津市国土资源和房屋管理局	天津大学出版社	2010.09

续表

书名	作者	出版社	出版时间
传统民居与地域文化　第十八届中国民居学术会议论文集	刘苏	中国水利水电出版社	2010.09
中国民居建筑年鉴 2008-2010	陆元鼎　陆琦	中国建筑工业出版社	2010.09
石窗乾坤	刘超英　陈丽英	中国水利水电出版社	2010.09
玉林旅游文化研究	周利理	广西人民出版社	2010.10
雷山苗族文化与旅游丛谈	唐千武	中央民族大学出版社	2010.10
广东客家史	广东客属海外联谊会组　谭元亨	广东人民出版社	2010.10
土楼印象　南靖	吴亦虞	福建美术出版社	2010.10
客家古邑民居	吴招胜　宋韵琪　谭元亨	华南理工大学出版社	2010.10
湘西风土建筑	魏挹澧　方咸孚　王齐凯	华中科技大学出版社	2010.10
传统木构架建筑解析	田大方　张丹　毕迎春	化学工业出版社	2010.10
关麓村　中华遗产·乡土建筑	陈志华　李秋香　楼庆西	清华大学出版社	2010.11
高椅村　中华遗产·乡土建筑	李秋香	清华大学出版社	2010.11
中国西部民族地区乡村聚落形态和信仰社区研究	张雪梅	四川人民出版社	2010.11
中国剑川海门遗址　全国最大的水滨"干栏式"建筑聚落遗址	大理州白族学会　政协剑川县委员会	云南民族出版社	2010.11
土族文化传承与变迁　以辛家庄和贺尔郡为例的研究	裴丽丽	民族出版社	2010.11
历史时期长江中游地区人类活动与环境变迁研究	张建民	武汉大学出版社	2010.11
徽州村镇水系与营建技艺研究	贺为才	中国建筑工业出版社	2010.11
围龙屋建筑形态的图像学研究	吴卫光	中国建筑工业出版社	2010.11
《管子》城市思想研究	苏畅	中国建筑工业出版社	2010.11
祖先之翼　明清广州府的开垦、聚族而居与宗族祠堂的衍变	冯江	中国建筑工业出版社	2010.11
江陵城池与荆州城市御灾防卫体系研究	万谦	中国建筑工业出版社	2010.11
从盛京到沈阳　城市发展与空间形态研究	王茂生	中国建筑工业出版社	2010.11
徽州村镇水系与营建技艺研究	贺为才	中国建筑工业出版社	2010.11
晚清汉口城市发展与空间形态研究	刘剀	中国建筑工业出版社	2010.11
恩施民居	北京大学建筑学研究中心聚落研究小组等	中国建筑工业出版社	2010.11
福建三明土堡群　中国古代防御性乡土建筑	李建军	海峡书局	2010.11
建筑与地理环境	余卓群	海南出版社	2010.11
中国历朝火灾考略	李采芹	上海科学技术出版社	2010.11
徽州村镇水系与营建技艺研究	贺为才	中国建筑工业出版社	2010.11
长江中游人水关系演变及其特点	黄建武	湖北人民出版社	2010.12
中国城市及其文明的演变	薛凤旋	世界图书出版公司	2010.12
中国古代江南城市化研究	陈国灿	人民出版社	2010.12

续表

书名	作者	出版社	出版时间
周原　2002年度齐家制玦作坊和礼村遗址考古发掘报告（上）	陕西省考古研究院　北京大学考古文博学院　中国社会科学院考古研究所周原考古队	科学出版社	2010.12
周原　2002年度齐家制玦作坊和礼村遗址考古发掘报告（下）	陕西省考古研究院　北京大学考古文博学院　中国社会科学院考古研究所周原考古队	科学出版社	2010.12
中国民居建筑艺术（中英文版）	陆元鼎　陆　琦	中国建筑工业出版社	2010.12
霍邱堰台　淮河流域周代聚落发掘报告	安徽省文物考古研究所	科学出版社	2010.12
中国聚落考古的理论与实践　第1辑　纪念新砦遗址发掘30周年学术研讨会论文集	中国社会科学院考古研究所郑州市文物考古研究院	科学出版社	2010.12
岭南建筑文化论丛	陆　琦　唐孝祥	华南理工大学出版社	2010.12
四川古建筑测绘图集　第1辑	四川省文物考古研究院	科学出版社	2010.12
骑楼	叶曙明	广东教育出版社	2010.12
文物建筑　第4辑	河南省古代建筑保护研究所	科学出版社	2010.12
2011年			
福建龙岩适中土楼实测图集	路秉杰　谢炎东	中国建筑工业出版社	2011.01
传统村落文化生态空间演化论	冯淑华	科学出版社	2011.01
一颗印　昆明地区民居建筑文化	杨安宁　钱　俊	云南人民出版社	2011.01
中国民居之美	孙大章	中国建筑工业出版社	2011.01
中国民居（阿拉伯文版）	单德启	五洲传播出版社	2011.01
永定初溪土楼文化底蕴解密	徐启廷　徐正昌	福建科学技术出版社	2011.01
聂兰生文集	聂兰生	华中科技大学出版社	2011.01
客家人与客家文化	丘桓兴	中国国际广播出版社	2011.01
寻找母亲的平遥	郝岳才	山西人民出版社	2011.01
山西老宅院	孙丽萍	北岳文艺出版社	2011.01
城居者的文明	于云瀚	中国社会科学出版社	2011.01
西域文化	王　勇　高　敬	时事出版社	2011.01
神居之所　西藏建筑艺术	西藏建筑勘察设计研究院	中国建筑工业出版社	2011.01
历史建筑的再生空间	王怀宇	山西人民出版社	2011.01
山西古村镇系列丛书　第4辑　娘子关古镇	山西省住房和城乡建设厅薛林平	中国建筑工业出版社	2011.01
润城古镇	山西省住房和城乡建设厅薛林平	中国建筑工业出版社	2011.01
新疆维吾尔自治区第三次全国文物普查成果集成　新疆古建筑	新疆维吾尔自治区文物局	科学出版社	2011.01
中国文明奇苑　青州文明图典	青州市博物馆	云南教育出版社	2011.01
魅力湘西	汪发国	星球地图出版社	2011.01

书名	作者	出版社	出版时间
明清广州府的聚落与宗族祠堂	冯 江	中国建筑工业出版社	2011.01
中国重要考古发现	朱乃诚 黄石林	中国国际广播出版社	2011.01
探寻寿光古国	李 沣	齐鲁书社	2011.01
雀替·栱眼壁 中国传统建筑装饰艺术	韩昌凯	中国建筑工业出版社	2011.01
中国古建筑油作技术	路化林	中国建筑工业出版社	2011.01
中国建筑（英文版）	蔡燕歆	五洲传播出版社	2011.01
豫南民居	郭瑞民	东南大学出版社	2011.02
传统建筑装饰解读	戴志坚	福建科学技术出版社	2011.02
大理地区喜洲商帮与鹤庆商帮的分析研究	薛祖军	云南大学出版社	2011.02
仰望西山	郑小蓉	湖南人民出版社	2011.02
玉环文物概览	李枝霞	文物出版社	2011.02
古田旧城记忆	江宋堂	厦门大学出版社	2011.02
金门聚落建筑的水系统	许正平 王怡超	金门县文化局	2011.02
城墙内外 古代汉水流域城市的形态与空间结构	鲁西奇	中华书局	2011.02
图说北京城	张妙弟 李 洵 张 帆	北京大学出版社	2011.02
户部山民居	孙统义 常 江 林 涛	中国矿业大学出版社	2011.03
荔波布依族	何羡坤	中国文化出版社	2011.03
风雅徽州	吴丽霞	安徽大学出版社	2011.03
近五百年来福建的家族社会与文化	陈支平	中国人民大学出版社	2011.03
西山问道集	包世轩	北京燕山出版社	2011.03
砀山黄河故道文化	曹天生等	合肥工业大学出版社	2011.03
中国白族村落	中共大理白族自治州委员会 大理白族自治州人民政府	云南民族出版社	2011.03
政治人类学 亚洲田野与书写	阮云星 韩 敏	浙江大学出版社	2011.03
巴渝古镇聚居空间研究	赵万民	东南大学出版社	2011.03
楼庆西文集	楼庆西	华中科技大学出版社	2011.03
空间之融 喜洲白族传统民居的教化功能研究	江净帆	广西师范大学出版社	2011.04
行走四川	何宇光 古 松	广东旅游出版社	2011.04
走近晋商	王锦萍	中国农业出版社	2011.04
念楼骄 蒋祖烜建筑随笔	蒋祖烜	湖南大学出版社	2011.04
诗意的栖居 建筑美	方 珊	北京师范大学出版社	2011.04
三峡记忆	巴 山	学苑出版社	2011.04
古村探源 中国聚落文化与环境艺术	何重义	中国建筑工业出版社	2011.04
乡土生活的逻辑 人类学视野中的民俗研究	周 星	北京大学出版社	2011.04
先秦时期的三峡人居环境	潘碧华	复旦大学出版社	2011.04

续表

书名	作者	出版社	出版时间
民族地理学	管彦波	社会科学文献出版社	2011.04
三门峡地区考古集	李久昌	大象出版社	2011.04
中国古代建筑装饰五书 雕梁画栋	楼庆西	清华大学出版社	2011.04
古建筑营造做法	胡银玉	三晋出版社	2011.04
户牖之艺	楼庆西	清华大学出版社	2011.04
中国古代建筑装饰五书 装饰之道	楼庆西	清华大学出版社	2011.04
中国古代建筑装饰五书 砖雕石刻	楼庆西	清华大学出版社	2011.04
中国古代木构建筑比例与尺度研究	王贵祥 刘 畅 段智钧	中国建筑工业出版社	2011.04
曲阜孔子研究院 吴良镛选集	吴良镛	清华大学出版社	2011.04
中国古代建筑装饰五书 千门之美	楼庆西	清华大学出版社	2011.04
建筑史 第27辑	贾珺	清华大学出版社	2011.04
中国建筑史论汇刊 第4辑	王贵祥	清华大学出版社	2011.04
传统民居价值与传承	朱良文	中国建筑工业出版社	2011.05
陕西关中传统民居建筑与居住民俗文化	李琰君	科学出版社	2011.05
飘渺余蕴天国境 宗教建筑	王其钧	中国建筑工业出版社	2011.05
赵焰第三只眼看徽州系列 徽州老建筑	赵 焰 张 扬	安徽大学出版社	2011.05
钱江源头古村落 霞山	邰惠鑫 赵淑红 宋绍杭	中国建筑工业出版社	2011.05
遗失的历史 太原市老城区濒危文物古建调查	益暖中华·保护历史的足迹团队	山西人民出版社	2011.05
古朴天然文人画 私家园林	王其钧	中国建筑工业出版社	2011.05
三峡古代聚落形态研究	蔡金英	科学出版社	2011.05
北江盆地 宗族、聚落的形态与发生史研究	钟翀	商务印书馆	2011.05
从幽燕都会到中华国都 北京城市嬗变	韩光辉	商务印书馆	2011.05
中国伊斯兰教建筑	刘致平	中国建筑工业出版社	2011.05
广州陈氏书院实录	广东民间工艺博物馆 华南理工大学	中国建筑工业出版社	2011.05
近代青岛的城市规划与建设	托尔斯藤·华纳	东南大学出版社	2011.05
民居测绘 尺度的感悟	吴昊	中国建筑工业出版社	2011.05
人和符号 符号世界高于现实世界	赵鑫珊	文汇出版社	2011.05
雷州半岛的雷文化	余伟民 王钦峰 熊家良	中国文史出版社	2011.05
人居环境科学研究进展 2002-2010	吴良镛	中国建筑工业出版社	2011.05
云南跨境民族文化初探	和少英	中国社会科学出版社	2011.05
新疆建筑印象	陈震东	同济大学出版社	2011.06
2008年穿越横断山脉川藏南线民族考古综合考察	故宫博物院 四川省文物考古研究院	四川大学出版社	2011.06
山外青山楼外楼 黔湘桂侗族建筑	龙超云	贵州科技出版社	2011.06
白堠乡的故事 地域史脉络下的乡村社会建构	肖文评	生活·读书·新知三联书店	2011.06

书名	作者	出版社	出版时间
随州金鸡岭	湖北省文物考古研究所 随州市博物馆	科学出版社	2011.06
走进安仁	张春生	四川美术出版社	2011.06
阮仪三文集	阮仪三	华中科技大学出版社	2011.06
图解传统民居建筑及装饰	朱广宇	机械工业出版社	2011.06
波川村调查	李澜	中国经济出版社	2011.06
徽州古村落文化丛书 田园里的文化乡村 仁里	方春生	合肥工业大学出版社	2011.06
徽州古村落文化丛书 盐商文化象征 棠樾	江巧珍	合肥工业大学出版社	2011.06
建筑白描图 上海篇	钟健	东华大学出版社	2011.06
徽州古村落文化丛书 黟山派摇篮 黄村	董建	合肥工业大学出版社	2011.06
诗意沙坪坝	林平	重庆出版社	2011.07
中国西南少数民族文化要略	刘兴全	四川人民出版社	2011.07
新疆历史与文化 2005-2007	新疆社会科学院历史研究所	新疆人民出版社	2011.07
西南地区城市历史发展研究	李旭	东南大学出版社	2011.07
中国建筑文化遗产1	金磊	天津大学出版社	2011.07
新叶村	李秋香 陈志华	清华大学出版社	2011.07
上海历史建筑保护修缮技术	上海市房地产科学研究院	中国建筑工业出版社	2011.07
民居建筑史话	白云翔	社会科学文献出版社	2011.07
中国民居（法文版）	单德启	五洲传播出版社	2011.07
中国经典景观村落游记	陈琨	中国城市出版社	2011.07
嘉绒藏族民俗志	李茂	中央民族大学出版社	2011.07
滇池草海西岸八村调查报告	何国强 魏乐平 中山大学人类学系高峣调查组	知识产权出版社	2011.07
陕西省明长城资源调查报告 营堡卷	陕西省考古研究院	文物出版社	2011.07
中国传统文化概论	田广林	高等教育出版社	2011.07
上海城区史	苏子良	学林出版社	2011.08
天津史话	罗澍伟	社会科学文献出版社	2011.08
张祖刚文集	张祖刚	华中科技大学出版社	2011.08
见证亲密 纪北京承德两市带藏文的石碑和藏式建筑	舒乙	民族出版社	2011.08
法自然 建筑的灵魂	赵沛明	湖南美术出版社	2011.08
《营造法式》五彩遍装祥瑞意象研究	吕变庭	中国社会科学出版社	2011.08
余荫山房	罗汉强 梁莲英	华南理工大学出版社	2011.08
最忆江南 江南民居铅笔画作品集	许明	辽宁美术出版社	2011.08
水文化中的数学智慧 德宏傣族民俗文化中的数学元素	周长军 申玉红 杨启祥	云南大学出版社	2011.08
岭南民俗文化	叶春生	广东高等教育出版社	2011.08
民俗学概论	王娟	北京大学出版社	2011.08
中国民俗文化	柯玲	北京大学出版社	2011.08

书名	作者	出版社	出版时间
上海城区史	苏子良　姚霏　江文君	学林出版社	2011.08
客家研究文丛　始兴古堡	廖晋雄	华南理工大学出版社	2011.08
客家研究文丛　始兴古村	廖文	华南理工大学出版社	2011.08
中国民间美术	乔晓光	湖南美术出版社	2011.08
文物研究　第18辑	安徽省文物考古研究所　安徽省考古学会	科学出版社	2011.08
崇明风韵	郭树清	文汇出版社	2011.08
开埠后烟台城市空间演变研究	支军	齐鲁书社	2011.09
中国传统建筑装饰艺术丛书　脊兽	韩昌凯	中国建筑工业出版社	2011.09
建筑艺术赏析	翟芸　汪炳璋	合肥工业大学出版社	2011.09
移天缩地　清代皇家园林分析	胡洁　孙筱祥	中国建筑工业出版社	2011.09
中国古典园林文化	张劲农	北京燕山出版社	2011.09
建筑艺术赏析	翟芸　汪炳璋	合肥工业大学出版社	2011.09
绽放的华栱	葛水平　赵宏伟	文物出版社	2011.09
钢笔画景观教程	阮正仪　徐琳	北京大学出版社	2011.09
界画与传统建筑装饰艺术	计王菁　曾维华	化学工业出版社	2011.09
城脉　图解北京古城古建	朱正伦　李小燕	北京大学出版社	2011.09
北京古建筑地图	胡介中　李路珂　袁琳	清华大学出版社	2011.09
中国木文化	尚景	黄山书社	2011.09
中国建筑艺术史	中国艺术研究院《中国建筑艺术史》编写组	中国建筑工业出版社	2011.09
禅境景观	王金涛	江苏人民出版社	2011.10
康乾期中西建筑文化交融	赵晓丹	中国建筑工业出版社	2011.10
运城民居	钟龙刚	三晋出版社	2011.10
北京文物建筑大系　近代建筑（汉英对照）	北京市文物局　《北京文物建筑大系》编委会	北京美术摄影出版社	2011.10
运城民居	钟龙刚	三晋出版社	2011.10
徽州传统村落社会　白杨源	吴正芳	复旦大学出版社	2011.10
走入历史的深处　中国东南地域文化国际学术研讨会论文集	吴松弟	上海人民出版社	2011.10
安徽旅游文化研究	黄成林	安徽师范大学出版社	2011.10
黄土地的变迁　以西北边陲种田乡为例	张骏　刘晓乾	人民出版社	2011.10
扬州民国建筑	杨正福	广陵书社	2011.10
古海盐文化实录	朱岩	西泠印社	2011.10
解读客家历史与文化　文化人类学的视野	房学嘉	知识产权出版社	2011.10
东方建筑遗产　2011年卷	余如龙	文物出版社	2011.11
狼牙刺地上的村落　西藏拉萨市曲水县达嘎乡其奴九组调查报告	徐君	社会科学文献出版社	2011.11

书名	作者	出版社	出版时间
中国传统艺术符号十说	吴卫	中国建筑工业出版社	2011.11
雕梁画栋岭南风（续） 中山市近代建筑艺术图集	中山市博物馆	文物出版社	2011.11
城市印迹 地域文化与城市景观	马晓	同济大学出版社	2011.11
福建客家著名民居	吴汉光 胡大新 魏荣章	海峡文艺出版社	2011.11
道孚 藏民居艺术之都	多吉彭措	四川美术出版社	2011.11
户外建筑写生绘效果图步骤详解	谢尘	湖北美术出版社	2011.11
宁波古村落史研究	邱枫	浙江大学出版社	2011.11
传统村落的形式和意义 湖南汝城和广东肇庆地区的考察	田银生 唐晔 李颖怡	华南理工大学出版社	2011.11
堇地风	成风	宁波出版社	2011.11
广东客家	温宪元 邓开颂 丘杉	广西师范大学出版社	2011.11
家 中国人的居家文化	（美）那仲良	新星出版社	2011.11
运城盆地东部聚落考古调查与研究	中国国家博物馆田野考古研究中心等	文物出版社	2011.11
南阳古城演变与清"梅花城"研究	李炎	中国建筑工业出版社	2011.11
昆山绰墩遗址	苏州考古研究所	文物出版社	2011.11
中国白族传统民居营造技艺	宾慧中	同济大学出版社	2011.11
西藏民俗文化论丛	张虎生 陈进 李文萍	西藏人民出版社	2011.11
遗珍 瓯海区第三次全国文物普查成果选粹	施成哲	西泠印社	2011.12
屋檐下的雕刻艺术	曲利明	海潮摄影艺术出版社	2011.12
中国古建筑测绘十年 2000-2010 清华大学建筑学院测绘图集	王贵祥 贺从容 廖慧农	清华大学出版社	2011.12
建筑文化遗产的传承与保护论文集	中国文物学会传统建筑园林委员会	天津大学出版社	2011.12
酉阳邹家坝	重庆市文物考古所 重庆文化遗产保护中心	科学出版社	2011.12
北大建筑5 古崖居考	北京大学建筑学研究中心聚落研究小组	中国建筑工业出版	2011.12
荆楚文化与长江文明	武清海	湖北人民出版社	2011.12
连城客家古建筑文化	罗土卿	鹭江出版社	2011.12
山西古村镇历史建筑测绘图集	山西省住房和城乡建设厅	中国建筑工业出版社	2011.12
白族的建筑与文化	寸云激	云南人民出版社	2011.12
门阀、庄园与政治 中古社会变迁研究	文史哲编辑部	商务印书馆	2011.12
夜郎故地遗珍	贵州省文物局	贵州人民出版社	2011.12
明清以来江南城市发展与文化交流	胡春丽	复旦大学出版社	2011.12
中国民居木雕集珍	胡建华	生活·读书·新知 三联书店	2011.12
2012 年			
古典建筑	林正楠	黄山书社	2012
中国广西与周边国家民族文化之旅	李甫春	民族出版社	2012
苏州地区传统民居的精锐 门与窗的文化与图析	顾蓓蓓	华中科技大学出版社	2012.01

续表

书名	作者	出版社	出版时间
和谐栖居　齐鲁民居户牖	张　勇	山东美术出版社	2012.01
老北京民居宅院	郑希成	学苑出版	2012.01
中国民居	王其钧	中国电力出版社	2012.01
民居民俗	郭　爽	天津人民出版社	2012.01
画说徽州民居	肖　鹏	湖北教育出版社	2012.01
问不倒的导游　中国传统建筑	李　晶　罗　飞	中国旅游出版社	2012.01
中国建筑史	王其钧	中国电力出版社	2012.01
典雅之美　住宅园林卷	胡　石	机械工业出版社	2012.01
中国古建筑答问记	张驭寰	清华大学出版社	2012.01
北京古建筑地图	王　南　胡介中　李路珂	清华大学出版社	2012.01
大中国　历代文化遗产	《大中国文化》丛书编委会	外文出版社	2012.01
大中国　民俗文化大观	《大中国文化》丛书编委会	外文出版社	2012.01
中国建筑文化遗产3	金　磊	天津大学出版社	2012.01
江南明清建筑木雕　上	何晓道	中华书局	2012.01
江南明清建筑木雕　下	何晓道	中华书局	2012.01
上海石库门	陈海汶	上海人民美术出版社	2012.01
徽州文化	高　敬	时事出版社	2012.01
北京胡同记忆	戴程松	学苑出版社	2012.01
生死同乐　山西金代戏曲砖雕艺术	石金鸣　海蔚蓝	科学出版社	2012.01
中国建筑风水文化博览	谢　宇　赵致君	华龄出版社	2012.01
建筑文化与地域特色	赵新良	中国城市出版社	2012.01
景观视野下的西南传统聚落保护　生态博物馆的探索	余压芳	同济大学出版社	2012.01
湘西苗族椎牛祭	张子伟	湖南师范大学出版社	2012.01
湘西土家族还土王愿	张子伟	湖南师范大学出版社	2012.01
中国传统题材造型　神龙2	徐华铛	中国林业出版	2012.01
徽州建筑文化	肖　宏	安徽科学技术出版社	2012.01
北京古代建筑博物馆文集	北京古代建筑博物馆	中国民主法制出版社	2012.01
学艺坊　墨水笔古建民居画法	张　蓝	人民美术出版社	2012.02
清代—民国西宁社会生活史	李健胜	人民出版社	2012.02
五色审美之传统建筑图画　浙江武义地区民间传统建筑色彩问题研究	张席森　周跃西	浙江大学出版社	2012.02
客家·我家	温燕霞	昆仑出版社	2012.02
之江遗珠　浙江特色文化村落	浙江省农业和农村工作办公室，浙江省"千村示范万村整治"工作协调小组办公室	浙江教育出版社	2012.02
华夏都城之源	郑州市城市科学研究会	河南人民出版社	2012.02
中国古代空间文化溯源	张　杰	清华大学出版社	2012.02
中国建筑文化遗产4	金　磊	天津大学出版社	2012.02

续表

书名	作者	出版社	出版时间
苏州园林营造技艺	苏州园林发展股份有限公司	中国建筑工业出版社	2012.02
河南民居	左满常　渠滔	中国建筑工业出版社	2012.02
潮汕文化丛书　潮汕民居	蔡海松	暨南大学出版社	2012.02
中国记忆　四川民居绘画卷	曾大毛　简文华	四川美术出版社	2012.03
厅堂	江建文	江苏美术出版社	2012.03
贵州水族艺术研究	杨俊　蒙锡彭　王思民	贵州民族出版社	2012.03
浙江省第三次全国文物普查丛编　普查文集	浙江省文物局	浙江古籍出版社	2012.03
浙江省第三次全国文物普查新发现丛书　近现代建筑	浙江省文物局	浙江古籍出版社	2012.03
浙江省第三次全国文物普查丛编　普查日记	浙江省文物局	浙江古籍出版社	2012.03
福建土楼建筑	黄汉民　陈立慕	福建科学技术出版社	2012.03
故园画忆之老北京系列4册	戴程松	HarperCollins UK	2012.03
人群·聚落·地域社会　中古南方史地初探	鲁西奇	厦门大学出版社	2012.03
西藏历史聚落研究	魏伟	中国建筑工业出版社	2012.03
鄂西旅游文化	张耀武	华中师范大学出版社	2012.03
中国园林　解读中国传统建筑	王其钧	中国电力出版社	2012.03
异彩纷呈的民居建筑	谢宇	天津科技翻译出版公司	2012.03
西关大屋与骑楼	杨宏烈　胡文中　潘广庆	暨南大学出版社	2012.03
浙江省第三次全国文物普查新发现丛书　民居	浙江省文物局	浙江古籍出版社	2012.03
北京沙滩大院百年风云录	苗作斌	红旗出版社	2012.03
豫南民居　建筑考察	河南省建筑设计研究院有限公司	河南美术出版社	2012.04
宗族政治的理想标本　新叶村	安旭	浙江大学出版社	2012.04
福建涉台文物大观（上）	福建省文物局	海峡出版发行集团	2012.04
福建涉台文物大观（下）	福建省文物局	海峡出版发行集团	2012.04
挂甲峪村史话	李永明	中国戏剧出版社	2012.04
宁夏回族建筑研究	李卫东	科学出版社	2012.04
多重视角下的客家传统社会与聚落文化	房学嘉　夏远鸣	华南理工大学出版社	2012.04
流动的土地　明清以来黄河小北干流区域社会研究	胡英泽	北京大学出版社	2012.04
多元视角下的客家地域文化	夏远鸣　肖文评　钟晋兰	华南理工大学出版社	2012.04
汉品01　古建筑七面体	左靖	金城出版社	2012.04
中国建筑文化遗产5	金磊	天津大学出版社	2012.04
从桃花源到夏都　庐山近代建筑文化景观	欧阳怀龙	同济大学出版社	2012.04
青少年应该知道的民居	王小婷	泰山出版社	2012.04
民居牛腿	徐华铛	中国林业出版社	2012.04
文物建筑　第5辑	河北省古代建筑保护研究所	科学出版社	2012.05
广西百年近代建筑	梁志敏	科学出版社	2012.05
千年帝都　物聚万代　西安博物馆漫步	陕西省文物局	陕西旅游出版社	2012.05

书名	作者	出版社	出版时间
上善之水　绍兴水文化	邱志荣	学林出版社	2012.05
正在消失的中国古文明　古村落	刘沛林	国家行政学院出版社	2012.05
闽南北山人的社会与文化	杨晋涛　余光弘	厦门大学出版社	2012.05
"湖广填四川"移民通道上的会馆研究	赵逵	东南大学出版社	2012.05
新说潮汕建筑石雕艺术	李绪洪	广东人民出版社	2012.05
真情岁月　王时建筑散文集	王时	上海锦绣文章出版社	2012.05
人文镇西	许学诚	新疆美术摄影出版社	2012.05
深圳市第二次文物普查报告	深圳市第二次文物普查报告编委会	科学出版社	2012.05
乡村人类学	徐杰舜　刘冰清	宁夏人民出版社	2012.05
宅经　中国古代环境文化实例	兴子	青海人民出版社	2012.05
手绘传统建筑装饰与瑞兽造型	朱广宇	天津大学出版社	2012.05
《营造法原》诠释	祝纪楠	中国建筑工业出版社	2012.05
传统民居建筑线描写生	欧涛　王伟路	北京大学出版社	2012.05
乔家大院	张昕　陈捷	山西经济出版社	2012.05
四川地区历史文化名镇空间结构研究	魏柯	四川大学出版社	2012.05
读建筑	侯幼彬	中国建筑工业出版社	2012.06
东莞市麻涌镇志	《东莞市麻涌镇志》编纂委员会	中华书局	2012.06
五缘文化与榕台民俗	赵麟斌	同济大学出版社	2012.06
话说中国建筑	翟文明	北京联合出版公司	2012.06
中华美术千问	王永鸿　周成华	三秦出版社	2012.06
咸宁文物精粹	黄大建	湖北美术出版社	2012.06
民间建筑（英文）	王其钧	中国建筑工业出版社	2012.06
岁月如歌　一个甲子的回忆	河南省文物考古研究所	大象出版社	2012.06
中国传统建筑营造技艺展图录	国家图书馆	北京图书馆出版社	2012.06
中国风景园林艺术散论	梁敦睦	中国建筑工业出版社	2012.06
甘肃古代民居建筑与居住文化研究	唐晓军	甘肃人民出版社	2012.06
中国建筑文化入门	张超	北京工业大学出版社	2012.06
国保札记　面向公众的文化遗产研究随笔	滕磊	科学出版社	2012.06
堇风甬水	陈万丰　谢国旗	宁波出版社	2012.06
老西宁	靳育德	青海人民出版社	2012.07
宁德县志	（清）卢建其	厦门大学出版社	2012.07
北京四合院六讲	赵倩　公伟　於飞	中国水利水电出版社	2012.07
客家民居　丰顺卷	中共梅州市委宣传部	华南理工大学出版社	2012.07
客家民居　蕉岭卷	中共梅州市委宣传部	华南理工大学出版社	2012.07
客家民居　梅江卷	中共梅州市委宣传部	华南理工大学出版社	2012.07

续表

书名	作者	出版社	出版时间
客家民居　梅县卷	中共梅州市委宣传部	华南理工大学出版社	2012.07
客家民居　平远卷	中共梅州市委宣传部	华南理工大学出版社	2012.07
客家民居　五华卷	中共梅州市委宣传部	华南理工大学出版社	2012.07
客家民居　兴宁卷	中共梅州市委宣传部	华南理工大学出版社	2012.07
客家民居　大埔卷	中共梅州市委宣传部	华南理工大学出版社	2012.07
峡江民居　三峡地区传统聚落及民居历史与保护	李晓峰　李纯	科学出版社	2012.07
南昌历史街区及民居研究	王向阳	江西美术出版社	2012.07
徽州古民居分类保护利用技术策略及其细则	何路路　吴永发	合肥工业大学出版社	2012.07
中国民居之美　英文版	孙大章	中国建筑工业出版社	2012.07
乔家大院史料综览	王正前	山西经济出版社	2012.07
刘先觉文集	刘先觉	华中科技大学出版社	2012.07
风俗与信仰	仲富兰	复旦大学出版社	2012.07
庐陵宗族与古村	李梦星	江西人民出版社	2012.07
陕西文化概观	黄高才	北京大学出版社	2012.07
黄山市徽州区志	黄山市徽州区地方志编纂委员会	黄山书社	2012.07
中国名镇　云南凤羽镇	罗杨	知识产权出版社	2012.08
中国文化精要	许国彬	华南理工大学出版社	2012.08
水族墓群调查发掘报告	贵州省文物考古研究所	科学出版社	2012.08
绘造老房子	毛葛	清华大学出版社	2012.08
重庆民俗文化	余云华　刘开文	重庆大学出版社	2012.08
杠作　一个原理、多种形式	柏庭卫	中国建筑工业出版社	2012.08
岁月记忆·名城瑰宝　苏州市第三次全国文物普查新发现选编	苏州市文物局	文物出版社	2012.08
台湾涉漳旧地名与聚落开发（上）	谭培根　涂志伟	厦门大学出版社	2012.08
台湾涉漳旧地名与聚落开发（下）	谭培根　涂志伟	厦门大学出版社	2012.08
中国建筑文化遗产7	金磊	天津大学出版社	2012.08
城头山遗址与洞庭湖区新石器时代文化	郭伟民	岳麓书社	2012.08
美学操练	叶廷芳	北京大学出版社	2012.08
檀园　旧址新颜	严菊明	同济大学出版社	2012.08
荆楚文化丛书　胜迹系列　荆楚民居荟萃	刘炜	武汉出版社	2012.08
建筑历史（新版）	沈福煦	同济大学出版社	2012.08
常家与常家庄园	王琳玉	山西人民出版社	2012.08
中国民居（汉英对照）	北京读图时代文化发展有限公司	黄山书社	2012.08
万里千年　丝路手记	龙腾　屈嫚莉	北京大学出版社	2012.08
文化遗产研究集刊　第5辑	复旦大学文物与博物馆学系　复旦大学文化遗产研究中心	复旦大学出版社	2012.08

续表

书名	作者	出版社	出版时间
北方门窗隔扇收藏与鉴赏	姜维群	中国书店	2012.08
古都北京	王　南	清华大学出版社	2012.08
中国民居	占　春	黄山书社	2012.08
建筑艺术史绎	沈福煦	上海锦绣文章出版社	2012.08
中国营造学研究　第2、3辑	张家泰　左满常	河南大学出版社	2012.09
徐州崔焘故居上院修缮工程报告	孙统义　孙继鼎	科学出版社	2012.09
汉代城市和聚落考古与汉文化	白云翔	科学出版社	2012.09
武夷山崖上聚落	吴春明　佟　珊	厦门大学出版社	2012.09
国家权力与民间秩序　多元视野下的明清两湖乡村社会史研究	杨国安	武汉大学出版社	2012.09
台湾建筑史	李乾朗	电子工业出版社	2012.09
云南历史文化名城（镇村街）保护体系规划研究	刘　学　黄　明	中国建筑工业出版社	2012.09
简明中国建筑论	张家骥	江苏人民出版社	2012.09
中国古代建筑艺术鉴赏	张义忠　赵全儒	中国电力出版社	2012.09
一本书读懂中国建筑	丁　援	中华书局	2012.09
风景民居速写　当代实力派艺术家精品集	陈敬良	中南大学出版社	2012.09
汉代城市和聚落考古与汉文化	中国社会科学院考古研究所	科学出版社	2012.09
得胜古村	薛林平	中国建筑工业出版社	2012.09
屋里屋外话苗家	吴正光	清华大学出版社	2012.09
人文地理学导论	顾朝林	科学出版社	2012.09
中国乡土建筑初探	陈志华　李秋香	清华大学出版社	2012.10
说宅	冯　柯	同济大学出版社	2012.10
中国文化中有关古代建筑的100个趣味问题 民居卷	李　山	金城出版社	2012.10
建筑我们的和谐家园2012年中国建筑学会年会论文集（上）	中国建筑学会	中国建筑工业出版社	2012.10
建筑我们的和谐家园2012年中国建筑学会年会论文集（下）	中国建筑学会	中国建筑工业出版社	2012.10
黎族的历史与文化	王献军　蓝达居　史振卿	暨南大学出版社	2012.10
客家圣典　一个大迁徙民系的文化史	谭元亨	广东高等教育出版社	2012.10
侗族鼓楼文化研究	石开忠	民族出版社	2012.10
阳泉古风　图说阳泉传统特色文化	张福贵	中国民族摄影艺术出版社	2012.10
乡土景观十讲　插图珍藏本	楼庆西	生活·读书·新知　三联书店	2012.11
查海　新石器时代聚落遗址发掘报告	辽宁省文物考古研究所	文物出版社	2012.11
建筑文化遗产的保护与利用论文集	中国文物学会	天津大学出版社	2012.11
兴国老别墅	王永明	上海科学技术文献出版社	2012.11
东方建筑遗产　2012年卷	保国寺古建筑博物馆	文物出版社	2012.11
第三批国家级非物质文化遗产名录图典	王文章	文化艺术出版社	2012.11
建筑文化遗产的保护与利用论文集	中国文物学会	天津大学出版社	2012.11

续表

书名	作者	出版社	出版时间
寻城记　南京	田飞　李果	商务印书馆	2012.11
探寻与求证　云南团山村与江西流坑村传统聚落的比较研究	许飞进	中国水利水电出版社	2012.12
豫晋陕史前聚落研究	许顺湛	中州古籍出版社	2012.12
仪式、秩序与边地记忆　民间信仰与清代以来堡寨社会研究	张月琴	科学出版社	2012.12
商周城市形态的演变	李鑫	中国社会科学出版社	2012.12
文化遗产·思行文丛　访谈卷	单霁翔	天津大学出版社	2012.12
文化遗产·思行文丛　报告卷	单霁翔	天津大学出版社	2012.12
文化遗产·思行文丛　论文卷	单霁翔	天津大学出版社	2012.12
云溪洞印象	潘建国	中国文联出版社	2012.12
陕甘宁生态脆弱地区乡土建筑研究　乡村人居环境营建规律与建设模式	李钰	同济大学出版社	2012.12
古往今来话中国　中国古代建筑	王铎　刘郁馥	安徽师范大学出版社	2012.12
瑞兽祥禽	徐华铛	中国林业出版社	2012.12
闽南近代建筑	陈志宏	中国建筑工业出版社	2012.12
永康民俗	陈昌余	社会科学文献出版社	2012.12
安徽文化精要丛书　安徽民俗	邢军	安徽文艺出版社	2012.12
奉化建筑探胜	奉化市政协文史委员会		2012.12
历史上的大移民　闯关东	沈健	北京工业大学出版社	2012.12
湘南民居印象　2012中国高等教育设计专业名校实验教学课题	王铁	中国建筑工业出版社	2012.12
村落遗产地政府主导开发模式研究　以开平碉楼与村落为例	王纯阳	中国华侨出版社	2012.12
吴冠中画谱　江南民居	吴冠中	湖南美术出版社	2012.12
湖北省第三次穿过文物普查重要新发现	湖北省文物局	湖北人民出版社	2012.12
2013 年			
民居印象　太行深处	刘快	北京大学出版社	2013.01
图解民居	王其钧	中国建筑工业出版社	2013.01
人类学视野中的剑川白族民居	杨晓	民族出版社	2013.01
图说中国古典建筑　民居　城镇	王其钧	上海人民美术出版社	2013.01
中国古民居	王毅	浙江摄影出版社	2013.01
手绘中国民居系列丛书　太行深处　民居印象	刘快	北京大学出版社	2013.01
团山民居　珍贵的世界纪念性建筑遗产	汪致敏	云南人民出版社	2013.01
挥毫落纸如云烟	张永婷	北京工业大学出版社	2013.01
解读徽州祠堂	郑建新	黄山书社	2013.01
杭州河道历史建筑（杭州全书运河河道丛书）	仲向平　陈钦周	杭州出版社	2013.01
杭州运河历史建筑（杭州全书运河河道丛书）	仲向平	杭州出版社	2013.01

续表

书名	作者	出版社	出版时间
中华名祠　先祖崇拜的文化解读	赵新良	辽宁人民出版社	2013.01
广州古井名泉	李仲伟	广东人民出版社	2013.01
徽州月潭朱氏	朱世良	安徽大学出版社	2013.01
良户古村	王金平	中国建筑工业出版社	2013.01
中国乡村社区发展与战略研究报告	贾敬敦	北京交通大学出版社	2013.01
寻访莆仙红砖厝	徐学仕	海峡文艺出版社	2013.01
解读土楼	唐齐	黄山书社	2013.01
中国传统建筑装饰艺术　彩画艺术	孙大章	中国建筑工业出版社	2013.01
海南省少数民族非物质文化遗产论坛文集	王建成	海南出版社	2013.01
历史文化村镇景观保护与开发利用	刘沛林	中国书籍出版社	2013.01
广东华侨文化景观研究	李国平	中国华侨出版社	2013.01
金门　被时光遗忘的岛乡	张慧玲　章君祖	中国旅游出版社	2013.01
良户古村	王金平	中国建筑工业出版社	2013.01
汉风建筑的诠释与重构	成祖德　王洁	浙江大学出版社	2013.01
客家民居	潘安　郭惠华　魏建平	华南理工大学出版社	2013.02
中国古建筑营造技术丛书　中国古建筑油漆彩画　第2版	边精一	中国建材工业出版社	2013.02
湖湘建筑	柳肃	湖南教育出版社	2013.02
中华民俗一本全	张廷兴	广西人民出版社	2013.03
看不见的世界　建筑	于秉正	北京出版社	2013.03
中国东阳木雕	李飞　钱明	江苏美术出版社	2013.03
古代建筑	宋燕	湖南美术出版社	2013.03
河源市文化遗产普查汇编　龙川县卷	陈建华	广东人民出版社	2013.03
三峡古典场镇（上）	季富政	西南交通大学出版社	2013.03
三峡古典场镇（下）	季富政	西南交通大学出版社	2013.03
先秦考古研究　聚落形态、人地关系与早期中国	韩建业	文物出版社	2013.03
图说中国建筑艺术	吕洪波　于红坤	江苏科学技术出版社	2013.03
雷州民居	梁林	华南理工大学出版社	2013.03
广府民居	陆琦	华南理工大学出版社	2013.03
西北老村舍民居	尚尔立	学苑出版社	2013.03
潮汕民居	潘莹	华南理工大学出版社	2013.03
人工开物：西南民间工艺文化生态	余强　谢亚平	重庆大学出版社	2013.04
神庙戏台装饰艺术研究	巩天峰	山东画报出版社	2013.04
灵居　解读中国人的建筑智慧	汤虎	重庆大学出版社	2013.04
族群、社群与乡村聚落营造　以云南少数民族村落为例	王冬	中国建筑工业出版社	2013.04
殷代商王国政治地理结构研究	韦心滢	上海古籍出版社	2013.04
中国传统民居文化解读系列　泰顺仙居古村落	刘淑婷　王梦雪	水利水电出版社	2013.04
施甸县重点文物保护单位简介	杨升义	云南科学技术出版社	2013.05

续表

书名	作者	出版社	出版时间
活着的记忆　婺源非物质文化遗产录（歙砚、三雕、祠堂）	王振忠	江西人民出版社	2013.05
大界江畔言小村：上马厂村纪行	马德义	黑龙江大学出版社	2013.05
聚落与住居——上中阿坝聚落与藏居	郦大方　金笠铭	中国林业出版社	2013.05
乡村聚落发展与演变——陇中黄土丘陵区乡村聚落发展研究	郭晓东	科学出版社	2013.05
湖南城市史	郑佳明　陈宏主	湖南人民出版社	2013.05
地下成都（巴蜀文化丛书）	肖平	天地出版社	2013.06
河源市文化遗产普查汇编　紫金县卷	陈建华	广东人民出版社	2013.06
北京四合院人居环境	陆翔	中国建筑工业出版社	2013.06
中国乡土建筑丛书　龙脊十三寨	孙娜　罗德胤	清华大学出版社	2013.06
巩义三庄园	毛葛	清华大学出版社	2013.06
石浦古镇	张力智	清华大学出版社	2013.06
石家庄漫记	宋端	学苑出版社	2013.06
中国传统建筑园林营造技艺	姜振鹏	中国建筑工业出版社	2013.06
闽南民居传统营造技艺	杨莽华　马全宝　姚洪峰	安徽科学技术出版社	2013.06
黄土高原聚落景观与乡土文化	霍耀中　刘沛林	中国建筑工业出版社	2013.06
闽南陈坑人的社会与文化	余光弘　杨晋涛	厦门大学出版社	2013.06
布依族民居建筑研究	黄榜泉	中国建筑工业出版社	2013.06
新疆生土民居	李群　安达　甄梁梅	中国建筑工业出版社	2013.06
对焦土木砖瓦石	余平　董静	上海文化出版社	2013.06
赣南传统建筑与文化	万幼南	江西人民出版社	2013.07
老宁波古韵	金皓	学苑出版社	2013.07
钱塘江历史建筑	仲向平　陈钦周	杭州出版社	2013.07
巫山大昌古镇	重庆市文物局　重庆市移民局	文物出版社	2013.07
聚落认知与民居建筑测绘	杨绪波	中国建筑工业出版社	2013.07
杭州市历史建筑构造实录　民居篇	王少媚	西泠印社	2013.07
妙手华章 潮汕建筑与嵌瓷	谢奕锋	广东教育出版社	2013.07
碧山	左靖	金城出版社	2013.07
广陵家筑——扬州传统建筑艺术	张理晖	中国轻工业出版社	2013.07
清代官式建筑营造技艺	王时伟	安徽科学技术出版社	2013.07
北京四合院传统营造技艺	赵玉春	安徽科学技术出版社	2013.07
徽派民居传统营造技艺	刘托	安徽科学技术出版社	2013.07
蒙古包营造技艺	赵迪	安徽科学技术出版社	2013.07

续表

书名	作者	出版社	出版时间
苗族吊脚楼传统营造技艺	张 欣	安徽科学技术出版社	2013.07
婺州民居传统营造技艺	黄 续 黄 斌	安徽科学技术出版社	2013.07
窑洞地坑院营造技艺	王 徽	安徽科学技术出版社	2013.07
苏州香山帮建筑营造技艺	刘 托	安徽科学技术出版社	2013.07
闽浙地区贯木拱廊桥营造技艺	程 霏	安徽科学技术出版社	2013.07
聚落认知与民居建筑测绘	杨绪波	中国建筑工业出版社	2013.07
走进南充	南充市旅游局	中国旅游出版社	2013.08
徽州传统村落社会 许村	许 骥	复旦大学出版社	2013.08
岭南最后的古村落	曾晓华	花城出版社	2013.08
湘西最后的古村落	阳明明	花城出版社	2013.08
民居风景铅笔写生	龚声明	江苏美术出版社	2013.08
传统民居与乡土建筑	周 晶 李 天	西安交通大学出版社	2013.08
岩下老街	赵 巍	清华大学出版社	2013.08
顾山文化遗产集粹	顾山镇人民政府	广陵书社	2013.08
简明古建筑图解	苏万兴	北京大学出版社	2013.08
中国古建筑之旅套装	余剑峰 刘丹华 颜 军 曹上秋 周国宝	江苏科学技术出版社	2013.08
鄂西土家族吊脚楼建筑艺术与聚落景观	王红英	天津大学出版社有限责任公司	2013.09
中国古代营建数理	何俊寿	黑龙江美术出版社	2013.09
传统乡村子聚落平面形态的量化方法研究	浦欣成	东南大学出版社	2013.09
浙江乡土聚落景观文化研究以乌镇为例	屈德印	中国建筑工业出版社	2013.09
仙霞古道	罗德胤	上海三联书店	2013.09
徽州民居营造	王小斌	中国建筑工业出版社	2013.09
中国古代建筑知识普及与传承系列丛书 中国民居五书套装共5册	楼庆西 陈志华 罗德胤 李秋香	清华大学出版社	2013.09
海峡两岸文化发展丛书 闽台民居建筑的渊源与形态	戴志坚	人民出版社	2013.09
广西传统乡土建筑文化研究	熊 伟	中国建筑工业出版社	2013.09
江南建筑雕饰艺术 镇江卷	练正平	东南大学出版社	2013.09
最美中国行 水乡寻梦	琬 田	研究出版社	2013.09
仰望藏地 魅力巴颜喀拉	王忠民 王晓晶	人民邮电出版社	2013.09
老北京的洋建筑	李 芳	学苑出版社	2013.10
梁王城遗址发掘报告	南京博物院 徐州博物馆 邳州博物馆	文物出版社	2012.10
泸沽湖地域人居环境文化演进	黄 耘	中国建筑工业出版社	2013.10
婺州民居营建技术	王仲奋	中国建筑工业出版社	2013.10
抚宁老民居	抚宁县地方志办公室	燕山大学出版社	2013.10
中国民俗文化丛书 民居卷（汉英对照）	董 强	安徽人民出版社	2013.10
老重庆影像志 老房子	王川平	重庆出版社	2013.10

续表

书名	作者	出版社	出版时间
新疆喀什噶尔古城历史文化研究风貌篇	李 群 闫 飞	中国建筑工业出版社	2013.10
闽北名镇名村	柯培雄	福建人民出版社	2013.10
近世中国影像资料 第1辑	近世中国影像资料编辑部	黄山书社	2013.10
探访中国最美古村落	孙克勤 孙 博	冶金工业出版社	2013.10
安阳传统建筑修缮与研究	刘彦军	科学出版社	2013.10
画说乔家大院	陈 捷 张 昕	山西经济出版社	2013.10
川西林盘聚落文化研究	方志戎	东南大学出版社	2013.11
成都考古研究	成都文物考古研究所	科学出版社	2013.11
大遗址的文化地理空间分析 以咸阳原为例	张祖群	科学出版社	2013.11
中国建筑研究室口述史 1953-1965	东南大学建筑历史与理论研究所	东南大学出版社	2013.11
建筑的意境	萧 默	中华书局	2013.11
四川古建筑测绘图集 第3辑	四川省文物考古研究院	科学出版社	2013.12
清真寺的社会功能 兰州清真寺中的族群认同	高 源	中央民族大学出版社	2013.12
张村——宗祠圣地 状元故里	周志雄 刘小成 戴明桂	浙江大学出版社	2013.12
广东文化遗产 近现代代表性建筑卷	黄利平	科学出版社	2013.12

5.2.2 民居著作英文书目（2011—2013）

胡 辞

书名	作者	编辑出版单位	出版日期
2011			
Traditional Construction for a Sustainable Future	Carole Ryan	Routledge	2011
New Traditional Architecture: Ferguson & Shamamian Architects: City and Country Residences	Mark Ferguson, Oscar Shamamian, Richard Guy Wilson	Rizzoli	2011
Vernacular Architecture from Cold and Temperate Regions (Aarhus, Denmark)	Amjad Almusaed	Springer London	2011
Old Buildings, New Designs： Architectural Transformations	Charles Bloszies	Princeton Architectural Press	2011
Gertrude Jekyll and the Country House Garden: From the Archives of Country Life	Judith B. Tankard	Rizzoli	2011
Distinguishing " brick "from" The house": historical analysis of entry (cultural theme axis integrated curriculum teaching)	Wang Changfen	Fudan University Press	2011

续表

书名	作者	编辑出版单位	出版日期
Old and New – Design Manual for Revitalizing Existing Buildings	Frank Peter Jäger	De Gruyter	2011
The House with the Two Horizons	Arkan Zeytinoglu , Manuela Hötzl	Springer Vienna	2011
The Evolution of the Cape Cod House: An Architectural History	Arthur P. Richmond	Schiffer Publishing, Ltd.	2011
The Tropical Modern House	Raul A. Barreneche	Rizzoli	2011
100 Victorian Architectural Designs for Houses and Other Buildings (Dover Architecture)	A. J. Bicknell & Co.	Dover Publications	2011
The Energy–Smart House	Fine Homebuilding	Taunton Press	2011
Vitruvius Scoticus: Plans, Elevations, and Sections of Public Buildings, Noblemen's and Gentlemen's Houses in Scotland (Dover Architecture)	William Adam	Dover Publications	2011
2012			
Conservation of Historic Renders and Plasters: From Laboratory to Site	Maria Rosário Veiga	Springer Netherlands	2012
Home in Temporary Dwellings	C. Brun	Elsevier Inc.	2012
Small Houses	Claudia Hildner	De Gruyter	2012
Traditional Houses with Stone Walls in Temperate Climates: The Impact of Various Insulation Strategies	Francesca Stazi , Fabiola Angeletti , Costanzo di Perna	INTECH Open Access Publisher	2012
House Building Industries	Y. Yau	Elsevier Inc.	2012
Tiny House Floor Plans: Over 200 Interior Designs for Tiny Houses (Volume 1)	Michael Janzen	CreateSpace Independent Publishing Platform	2012
Coming Home: The Southern Vernacular House	James Lowell Strickl , Susan Sully , Historical Concepts	Rizzoli	2012
Doris Duke's Shangri–La: A House in Paradise: Architecture, Landscape, and Islamic Art	Donald Albrecht, Thomas Mellins, Tim Street–Porter, Deborah Pope, Linda Komaroff, Keelen Overton, Sharon Littlefield Tomlinson & 5 more	Skira Rizzoli Publications	2012
Masterpiece: Iconic Houses by Great Contemporary Architects	Beth Browne	Images Publishing Dist Ac	2012
Alvar Aalto Houses	Jari Jetsonen , Sirkkaliisa Jetsonen	Princeton Architectural Press; Reprint edition	2012
Stone House Construction	Sarah Gunn	CSIRO Publishing	2012
A Book of House Plans: Floor Plans and Cost Data of Original Designs of Various Architectural Types, of Which Full Working Drawings and Specifications Are Available (Classic Reprint)	William Harold Butterfield	Forgotten Books	2012

书名	作者	编辑出版单位	出版日期
Tiny House Design & Construction Guide	Dan Louche	Tiny Home Builders	2012
Open Source Based Concept of Intelligent House	Miroslav Behan, Ondrej Krejcar	IOS Press	2012
Intelligent House—Smart Living and Smart Workplace in Practical Approach	Richard Cimler, Karel Mls	IOS Press	2012
Shelter and Development	H. Dandekar	Elsevier Inc.	2012
Modern Methods of Construction	H. Lovell	Elsevier Inc.	2012
Housing Developers and Sustainability	A. Congreve	Elsevier Inc.	2012
2013			
Houses and Households: a Near Eastern Perspective	A. Nigel Goring-Morris, Anna Belfer-Cohen	Springer New York	2013
Lessons from Vernacular Architecture : Achieving Climatic Buildings by Studying the Past	Willi Weber, Simos Yannas	Earthscan Ltd	2013
Pen-Ink Rendering for Traditional Building Images	Dokyung Shin, Eunyoung Ahn	Springer Netherlands	2013
An Automatic Roof Frame Design Method for Korean Traditional Wooden Architecture	Eunyoung Ahn, Noyoon Kwak	Springer Netherlands	2013
Rehabilitation of the Old Rossio Railway Station Building: Enlargement and Underpinning	Pedro Simão Sêco E Pinto, João Barradas, Arlindo Sousa	Springer Netherlands	2013
Of Time and the House: the Early Neolithic Communities of the Paris Basin and Their Domestic Architecture	Penny Bickle	Springer New York	2013
The Design Montreal Open House	Karl Stocker	Springer Vienna	2013
Multiplier Effect: High Performance Construction Assemblies and Urban Density in US Housing	Eero Puurunen, Alan Organschi	Springer Berlin Heidelberg	2013
Historical Montage: An Approach to Material Aesthetics at Historic House Sites	Travis G Parno	Springer New York	2013
Negotiating Authenticity and Translocality in Oman: The "Desertscapes" of the Harasiis Tribe	Dawn Chatty	Springer Netherlands	2013
Research on Evaluation Theory and System of the Old Industrial Buildings (Group) Recycling Project	Yin Wenhu, Wang Linna	Springer Berlin Heidelberg	2013
Stone Houses: Traditional Homes of R. Brognard Okie	James B Garrison, Geoffrey Gross, John D Milner	Rizzoli	2013
Inspections and Reports on Dwellings—Reporting for Sellers	Ian Melville, Ian Gordon	Taylor and Francis	2013
The Home as an Experience: Studies in the Design of a Developer-Built Apartment Residence	P. K. Neelakantan	Springer India	2013

书名	作者	编辑出版单位	出版日期
Change and Continuity in the Danubian Longhouses of Lowland Poland	Joanna Pyzel	Springer New York	2013
A Multiple-Case Study of Passive House Retrofits of School Buildings in Austria	Xavier Dequaire	Springer London	2013
Tides of Change? The House through the Irish Neolithic	Jessica Smyth	Springer New York	2013
Transformations in the Art of Dwelling: some Anthropological Reflections on Neolithic Houses	Roxana Waterson	Springer New York	2013
From Diffusion to Structural Transformation: the Changing Roles of the Neolithic House in the Middle East, Turkey and Europe	Ian Hodder	Springer New York	2013
Architectural Styles for Country Houses: The Characteristics and Merits of Various Types of Architecture as Set Forth by Enthusiastic Advocates – Prim	Henry Hodgman Saylor	Nabu Press	2013
The White House: An Illustrated Architectural History	Patrick Phillips-Schrock	McFarland	2013
Long Island Historic Houses of the South Shore (Images of America (Arcadia Publishing)	Christopher M. Collora	Arcadia Publishing	2013

5.2.3　民居论文（中文期刊）目录（2011—2013）

胡　辞

论　文　名	作者	刊载杂志	页码	编辑出版单位	出版日期
2011 年					
哈尔滨城市建筑的美学价值研究及展望	李　颖　于　淼	《艺术研究》2011年，第 1 期	28~29	《艺术研究》编辑部	2011
历史文化街区控制性详细规划设计——以西安南门——文昌门地段为例	巨荩蓬　王　东　周卫玉	《规划师》2011年，第 1 期	33~37	《规划师》编部辑	2011
广州南海神庙与台湾妈祖庙装饰文化比较	唐孝祥　王永志	《南方建筑》2011年，第 1 期	36~39	《南方建筑》编部辑	2011
广州市小洲村的整体格局与空间形态	陆　琦　卓柳盈	《南方建筑》2011年，第 1 期	36~39	《南方建筑》编部辑	2011
蔡氏古民居的居住方式及其再利用研究	费迎庆　秦　乐　郭　锐	《南方建筑》2011年，第 1 期	44~49	《南方建筑》编部辑	2011
广府地区古建筑形制研究导论	肖　旻	《南方建筑》2011年，第 1 期	64~67	《南方建筑》编部辑	2011

论 文 名	作者	刊载杂志	页码	编辑出版单位	出版日期
延续城市历史文脉的思考——以宁波秀水街历史街区的保护规划为例	张磊	《城乡建设》2011年，第2期	34~35	《城乡建设》编辑部	2011
居的秩序 传统民居是中国宗法制度的活化石	编辑部	《中华民居》2011年，第1期	32~37	《中华民居》编辑部	2011
传统民居庭院的文化审美意蕴——以湖南传统庭院式民居为例	伍国正 吴越	《华中建筑》2011年，第1期	84~87	《华中建筑》编辑部	2011
生态学视角下地坑院节能改造技术探讨——以三门峡陕县为例	唐丽 李光	《建筑科学》2011年，第2期	74~77	《建筑科学》编辑部	2011
泉州手巾寮自然通风技术初探	戴薇薇 陈晓扬	《华中建筑》2011年，第3期	28~32	《华中建筑》编辑部	2011
川西林盘景观的可持续发展途径——以郫县花园镇为例	尹乐 蔡军	《安徽农业科学》2011年，第5期	2979~2981	《安徽农业科学》编辑部	2011
黎族传统建筑文化探析	邱海东	《大众文艺》2011年，第2期	182~184	《大众文艺》编辑部	2011
鄂西土家族村寨民居建筑的艺术文化——以湖北恩施三个土家族村寨为例	孟正辉	《农村经济与科技》2011年，第1期	109~110	《农村经济与科技》编辑部	2011
浅析乡土建筑的形成因子——以潍坊杨家埠民居建筑为例	桑永亮	《科技信息》2011年，第6期	266	《科技信息》编辑部	2011
上海万科第五园	王崤 陈盛	《中国建筑装修》2011年，第5期	164~169	《中国建筑装修》编辑部	2011
传承与创新——传统民居的现代演绎	张燕	《中外建筑》2011年，第5期	51~53	《中外建筑》编辑部	2011
传统民居建筑装饰艺术浅析	许鸿涛	《知识经济》2011年，第7期	124	《知识经济》编辑部	2011
四川民居庭院空间的构成要素及意境营造	王小军	《文艺争鸣》2011年，第8期	116~118	《文艺争鸣》编辑部	2011
岭南民居室内热环境实测分析	周孝清 马俊丽 周晓慧	《暖通空调》2011年，第5期	94~97	《暖通空调》编辑部	2011
喜洲白族传统民居的"礼"教意蕴	江净帆	《大理学院学报》2011年，第3期		大理学院	2011
白族民居建筑中植物装饰纹样探析	鲁嘉颖	《大众文艺》2011年，第2期	131~132	《大众文艺》编辑部	2011
嘉兴古镇聚落雕刻艺术的宗教信仰观	张新克	《文艺争鸣》2011年，第8期	111~113	《文艺争鸣》编辑部	2011
走马潮汕看民居	陈焕溪	《潮商》2011年，第2期	88~90	《潮商》编辑部	2011
传承地域文脉，守望文化家园——第十八届中国民居学术会议纪要	高宜生 邓庆坦	《新建筑》2011年，第3期	136	《新建筑》编辑部	2011

论文名	作者	刊载杂志	页码	编辑出版单位	出版日期
传统魅力，它从未走远——潘召南教授谈新民居之思考	周媛	《中华民居》2011年，第5期	98~105	《中华民居》编辑部	2011
广州竹筒屋室内通风实测研究	曾志辉 陆琦	《古建园林技术》2011年03期	38~41	《古建园林技术》编辑部	2011
天井的建筑技术理念探究	谢浩	《中国住宅设施》2011年，第6期	42~45	《中国住宅设施》编辑部	2011
解读湘西传统民居所承载的文化内涵——以凤凰古城为例	高琦	《建筑与文化》2011年，第5期	99~103	《建筑与文化》编辑部	2011
传承与发展——历史文化名村住宅更新设计实践研究	何峰 柳肃 杨燕 易伟建	《建筑学报》2011年，S1期	98~102	中国建筑协会	2011
绍兴区域文化对传统建筑装饰影响	沈坚	《文艺争鸣》2011年，第10期	118~120	《文艺争鸣》编辑部	2011
"以刀代笔"的艺术语言	王璐	《艺术评论》2011年，第6期	120~123	《艺术评论》编辑部	2011
桂林古民居的审美与教育价值探析	粟芳	《中共桂林市委党校学报》2011年，第2期	36~39	中共桂林市委党校	2011
传统山地民居生态经验对新民居建设的影响——以太行山区民居为例	赵晶 赵婧	《安徽农业科学》2011年，第15期	9239~9241	《安徽农业科学》编辑部	2011
民居建筑坡屋面施工措施要点	孔祥文	《中国新技术新产品》2011年，第14期	159	《中国新技术新产品》编辑部	2011
太原市历史文化街区保护与改造规划研究——以南华门改造设计为例	王君	《经济师》2011年，第8期	225~226	《经济师》编辑部	2011
遗珠拾粹——广东惠州龙门县沙迳镇功武古村	谭刚毅 曹劲 龚龑	《城市规划》2011年，第8期	中页	《城市规划》编辑部	2011
韩城党家村地域性特征解析	徐浩 闫增峰 周鑫	《安徽农业科学》2011年，第21期	12977~12978	《安徽农业科学》编辑部	2011
礼乐文化影响下的中国传统建筑	张婷婷 刘彤彤 刘蛟	《山西建筑》2011年，第24期		《山西建筑》编辑部	2011
苏州传统民居"门当"探微	罗嵋	《艺海》2011年，第8期	169~170	《艺海》编辑部	2011
淮安传统民居室内设计与装修生态经验探讨	窦钰洁	《山西建筑》2011年，第28期	14~15	《山西建筑》编辑部	2011
浅谈关中传统建筑木雕装饰的乡土气息	卢小飞	《农业考古》2011年，第4期	374~377	《农业考古》编辑部	2011
晋东南传统民居生态特性研究初探	闫杰 杨昌鸣	《华中建筑》2011年，第9期	167~170	《华中建筑》编辑部	2011
建筑类型学对徽州建筑的现代提炼	常蓓	《安徽建筑》2011年，第4期		《安徽建筑》编辑部	2011

续表

论文名	作者	刊载杂志	页码	编辑出版单位	出版日期
云南德宏州官纯寨傣族民居形制与营造模式探析	李曙婷 李志民 周崐	《安徽农业科学》2011年，第24期	14837~14838	《安徽农业科学》编辑部	2011
走马潮汕看民居（下）	陈焕溪	《潮商》2011年，第4期	82~85	《潮商》编辑部	2011
浅析关中传统民居屋顶装饰艺术	杨薇 刘彬	《河北建筑工程学院学报》2011年，第2期	56~58	河北建筑工程学院	2011
中国侗族传统建筑研究综述	赵巧艳	《贵州民族研究》2011年，第4期	101~109	《贵州民族研究》编辑部	2011
地域文化对湘南民居中建筑吉祥图的影响探索	何川 乐地	《四川建筑科学研究》2011年，第4期	234~238	《四川建筑科学研究》编辑部	2011
生态博物馆模式与贵州土城新区概念规划的尝试	罗建平	《小城镇建设》2011年，第8期	79~83	《小城镇建设》编辑部	2011
南涧县无量山乡彝族民居建筑现状考察与研究	苏亭羽	《保山学院学报》2011年，第4期	33~37	保山学院	2011
三坊七巷传统民居的建筑文化对现代居住空间设计的启示	卓娜 马松影	《陕西科技大学学报（自然科学版）》2011年，第5期	171~174	陕西科技大学	2011
侗族传统民居转型与发展探索	范俊芳 文友华 熊兴耀	《小城镇建设》2011年，第9期	100~104	《小城镇建设》编辑部	2011
四川洛带客家传统聚落与建筑研究	胡斌 陈蔚	《新建筑》2011年，第5期	105~108	《新建筑》编辑部	2011
泉州传统民居官式大厝与杨阿苗故居	关瑞明 朱怿	《新建筑》2011年，第5期	114~117	《新建筑》编辑部	2011
旧广武村聚落与民居形态分析	王金平 赵军	《中国名城》2011年，第11期	63~67	《中国名城》编辑部	2011
"长吉图"地区朝鲜族新农村住宅研究	任楠楠	《中华民居》2011年，第8期	78~79	《中华民居》编辑部	2011
文化生态视野下的水车堵装饰艺术——以厦门新垵村传统民居为例	赵胜利	《长江大学学报（社会科学版）》2011年，第10期	167~171	长江大学	2011
传统民居与地域文化	特约编辑	《城市建筑》2011年，第10期	14~18	《城市建筑》编辑部	2011
略论传统民居的传承	雍振华	《城市建筑》2011年，第10期	19~21	《城市建筑》编辑部	2011
藏民居的结构特点及其火灾扑救	何万桑	《科技传播》2011年，第21期	30~31	《科技传播》编辑部	2011
黎族传统建筑文化刍议	邱海东	《美术大观》2011年，第9期	70	《美术大观》编辑部	2011

续表

论 文 名	作者	刊载杂志	页码	编辑出版单位	出版日期
一个无人区边的移民聚落的案例研究	谭刚毅　刘勇等	《UA城市建筑》2011年，第10期	31~35	《城市建筑》编辑部	2011
南北典型合院民居地域差异——立足于北京四合院与云南"一颗印"研究	张春蕾	《中华建设》2011年，第10期	98~99	《中华建设》编辑部	2011
西安非物质文化遗产与传统民居建筑的共生性研究	陈媛媛　杨豪中	《前沿》2011年，第20期	151~153	《前沿》编辑部	2011
晋北合院式民居空间形态分析	陈建军	《山西建筑》2011年，第35期		《山西建筑》编辑部	2011
浅谈干阑式建筑在现代建筑设计中的运用——桂林阳朔东街"观景木楼"设计总结	陆玲	《美术大观》2011年，第11期	117	《美术大观》编辑部	2011
澳门园林建筑与装饰小品特色研究	佘美萱　李敏　梁敏如	《中国园林》2011年，第11期	52~56	《中国园林》编辑部	2011
论天人合一的徽派建筑和谐美	金樱	《艺海》2011年，第12期	177~178	《艺海》编辑部	2011
畲族传统居住空间模糊性研究	王璇　金志平　李国斌	《安徽建筑》2011年，第6期	54~55	《安徽建筑》编辑部	2011
碉楼：多样性与地域性的应答	罗建平	《华中建筑》2011年，第12期	157~160	《华中建筑》编辑部	2011
川西民居保护与开发的探索	徐凯亮　傅红　缪晓煜	《安徽农业科学》2011年，第34期	21127~21128	《安徽农业科学》编辑部	2011
石库门文化上海近代历史的标识（下）	朱陪初	《创意设计源》2011年，第2期	54~59	《创意设计源》编辑部	2011
浅析川东民居建筑的生态设计及发展方向探讨	刘长军	《中华民居》2011年，第12期	17~18	《中华民居》编辑部	2011
飞墨书锦绣，点彩写风流　记川西传统四合院的保护继承——成都画院	李晶晶	《中华民居》2011年，第11期	45~46	《中华民居》编辑部	2011
云南藏族民居空间图式研究	单军　铁雷	《住区》2011年，第6期	116~122	《住区》编辑部	2011
民居建筑学科的形成与今后发展	陆元鼎	《南方建筑》	4~7	《南方建筑》编辑部	2011
传统民居与当代宅形的结合点探析	龙彬　姚强	《南方建筑》2011年，第6期	38~42	《南方建筑》编辑部	2011
木雕的"城记"——兼议传统民居中长卷式的木雕装饰	谭刚毅　钱闽	《南方建筑》2011年，第6期	12~17	《南方建筑》编辑部	2011
山西常家庄园贵和堂着色砖雕壁挂浅探	郭婷	《艺术教育》2011年，第5期	170	《艺术教育》编辑部	2011
价值评定对历史村落转型再利用的指导作用——广州市从化松柏堂街区改造思索	陆琦　谭皓文	《新建筑》2011年，第6期	140~143	《新建筑》编辑部	2011

论 文 名	作者	刊载杂志	页码	编辑出版单位	出版日期
2012 年					
盛沉作品欣赏	盛 沉	《艺术市场》2012年，第 2 期	6	《艺术市场》编辑部	2012
台风影响下的浙东南传统民居营建技艺解析	王海松　周伊利　莫弘之	《新建筑》2012 年，第 1 期	144~147	《新建筑》编辑部	2012
吊脚楼：中国民居的瑰宝	阿 森	《新湘评论》2012年，第 3 期	39~41	《新湘评论》编辑部	2012
西藏藏东南地区民居建筑热环境现状分析	王培清　冷御寒　徐国涛	《建筑科学》2012年，第 3 期	65~68	《建筑科学》编辑部	2012
浅析中国传统民居建筑设计的生态因素	董正磊	《经济研究导刊》2012年，第 5 期	278~279	《经济研究导刊》编辑部	2012
浅析成都民国时期公馆建筑特色	武 弋　聂康才	《江苏建筑》2012年，第 1 期		《江苏建筑》编辑部	2012
浅谈羌族地区人居环境改造与羌族传统建筑形式的保护	焦 凤	《美术大观》2012年，第 2 期	93	《美术大观》编辑部	2012
汶川西羌民居建筑的分布分类和空间特色	乔渭柏	《重庆建筑》2012年，第 2 期	54~57	《重庆建筑》编辑部	2012
桂林市界首地区民居建筑混合墙体研究	文 涛　郭 军	《四川建筑科学研究》2012年，第 1 期	185~188	《四川建筑科学研究》编辑部	2012
浅谈传统建筑文化要素在农村民居立面改造中的应用——以重庆地区新农村立面改造为例	刘春智　邓蜀阳	《福建建筑》2012年，第 1 期	16~18	《福建建筑》编辑部	2012
中国传统民居风水研究——以福建土楼为例	汤跃然　曹 波	《中外建筑》2012年，第 4 期	49~50	《中外建筑》编辑部	2012
虚拟空间窥视江南传统民居文化	张岩红　戴向东　尹 沙　杨 毅	《中外建筑》2012年，第 4 期	58~59	《中外建筑》编辑部	2012
徽州外环境规划对新农村建设的启示	谭 陶　于 雪	《长江大学学报（社会科学版）》2012年，第 2 期	67~69	长江大学	2012
人、建筑与环境的共生——从客家建筑看可持续发展	郭 蕾　尚百平	《科技与企业》2012年，第 6 期	294	《科技与企业》编辑部	2012
重庆吊脚楼民居建筑美学意义初探	张楠木	《民族艺术》202年，第 1 期	103~105	《民族艺术》编辑部	2012
西南地区民居发展问题分析及建议	陈新洋　陈新建	《安徽农业科学》2012 年，第 8 期	4690~4691	《安徽农业科学》编辑部	2012
传统民居建筑中形式与内容以及所采用手段的辩证关系	杜 稳	《大众文艺》2012年，第 3 期	283~284	《大众文艺》编辑部	2012
民居保护 刻不容缓——访中国城市风貌与民居保护研究中心主任王志强	邢章萍　张 健	《经济》2012年，第 4 期	140~142	《经济》编辑部	2012

续表

论 文 名	作者	刊载杂志	页码	编辑出版单位	出版日期
殿堂式客家民居自然通风实测	高云飞　赵立华　陈海铭	《南方建筑》2012年，第1期	72~74	《南方建筑》编辑部	2012
从平遥古城看山西民居与晋作家具的关系	付玥　卫强强	《大众文艺》2012年，第7期	204~205	《大众文艺》编辑部	2012
中国传统民居	李俐　马瑞亚　吴文捷　刘霄峰　张军　关瑞明　聂兰生	《中国住宅设施》2012年，第4期		《中国住宅设施》编辑部	2012
西藏传统平顶民居建筑气候适应策略及其文化转意	达娃扎西　黄凌江	《华中建筑》2012年，第4期	171~174	《华中建筑》编辑部	2012
澳门郑家大屋的建筑分析	潘建非	《华中建筑》2012年，第5期	140~145	《华中建筑》编辑部	2012
林芝地区传统民居冬季室内热环境评价与分析	黄凌江　冷御寒	《南方建筑》2012年，第1期	92~96	《南方建筑》编辑部	2012
闽南传统红砖民居特征与营造工法技艺解析	蒋钦全	《福建建筑》2012年，第4期	84~86	《福建建筑》编辑部	2012
大理白族传统建筑文脉探析	孙俊桥　何敏	《安徽建筑》2012年，第2期	14~15	《安徽建筑》编辑部	2012
福州地区木结构古建筑的梁架形制（一）	阮章魁	《古建园林技术》2012年，第1期	7~12	《古建园林技术》编辑部	2012
梅州客家特色乡村建设模式探析	张奕亮　吴美娜	《嘉应学院学报》2012年，第3期	17~19	嘉应学院	2012
浅析兰州传统民居的特征	陈颖	《甘肃高师学报》2012年，第7期	115~117	甘肃高师	2012
扬州传统民居建筑特征研究综述	王筱情　过伟敏	《扬州大学学报（人文社会科学版）》2012年，第3期	101~108	扬州大学	2012
河南豫北地区合院式传统民居节能技术初探	唐丽　栾景阳　刘若瀚	《建筑科学》2012年，第6期	10~13	《建筑科学》编辑部	2012
中国传统民居环境中的匾额艺术	罗冠林	《艺海》2012年，第5期	178~179	《艺海》编辑部	2012
川西地区传统藏族民居改造述评	刘传军	《装饰》2012年，第7期	125~126	《装饰》编辑部	2012
涞滩古镇传统建筑屋顶形态研究	霍晓娜	《群文天地》2012年，第9期	103~105	《群文天地》编辑部	2012
异国风情园设计中对民居的借鉴——以瑞丽弄莫湖湿地公园为例	巫凌琦　王学海	《科学技术与工程》2012年，第18期	4553~4557	《科学技术与工程》编辑部	2012
浅析传统民居建筑中模糊空间的情感内涵	张云飞	《美与时代（上）》2012年，第6期	66~67	《美与时代》编辑部	2012

续表

论 文 名	作者	刊载杂志	页码	编辑出版单位	出版日期
徽州民居传统建筑空间的人性意识	陈继腾 陆笑旻	《工程与建设》2012年，第3期	312~314	《工程与建设》编辑部	2012
波尔图建筑学院解读	施明化	《山西建筑》2012年，第24期	36~38	《山西建筑》编辑部	2012
晋商大院周边村镇旅游商业环境艺术研究	闫世伟	《艺术评论》2012年，第8期	104~106	《艺术评论》编辑部	2012
浅谈仿古建筑的设计——永定下洋温泉度假酒店设计	谢海燕	《建筑设计管理》2012年，第7期	46~49	《建筑设计管理》编辑部	2012
浅析苏北传统民居建筑装饰艺术	赫 强 茅陈楠	《建设科技》2012年，第14期	75~76	《建设科技》编辑部	2012
丁村明清民居柱础艺术初探	董娅娜 刘 虎	《天津大学学报（社会科学版）》2012年，第4期	376~379	天津大学	2012
关于仿古建筑混凝土构件表层实施传统地仗的技术研究报告	柳淑巧	《商品混凝土》2012年，第8期	112~113	《商品混凝土》编辑部	2012
贵州民族地区农村危房改造中的传统建筑文化保护	何 彪 王伯承	《贵州民族学院学报（哲学社会科学版）》2012年，第4期	35~39	贵州民族学院	2012
鹤湖新居：守望深圳客家	陈 亮	《中国文化遗产》2012年，第4期	52~59	《中国文化遗产》编辑部	2012
低碳视野下的生态聚落——地平线下的豫西地坑院村落	高长征 李红光 宋亚亭 卢宏伟	《中华民居》2012年，第4期	104~112	《中华民居》编辑部	2012
关中传统民居的地域特色及其现代传承初探	徐健生 李志民	《华中建筑》2012年，第9期	135~139	《华中建筑》编辑部	2012
浅议室内设计的发展	王荣华	《文学界（理论版）》2012年，第8期	295~297	《文学界》编辑部	2012
徽州民居宏村的可继承性发展研究	刘丽丽 霍小平	《建筑科学与工程学报》2012年，第3期	122~126	《建筑科学与工程学报》编辑部	2012
民居建筑研究坚持为农村农民服务的方向——祝贺建筑学科80周年	陆元鼎	《南方建筑》2012年，第5期	4~7	《南方建筑》编辑部	2012
土楼，土楼公舍，乌托邦住宅及其他	谭刚毅	《住区》2012年，第6期	50~61	《住区》编辑部	2012
与山水共融的"时光容器"——阅读王澍的中国美院象山校区	薛 颢	《现代装饰（理论）》2012年，第9期	152	《现代装饰》编辑部	2012
南京传统民居的地方特色	钱海月	《艺术教育》2012年，第12期	177	《艺术教育》编辑部	2012
山西传统建筑装饰的艺术特色	张晓容	《山西建筑》2012年，第33期	239~241	《山西建筑》编辑部	2012
对浙江古民居建筑室内装饰的研究——以浙江俞源村古民居建筑为例	鲁思媛	《商场现代化》2012年，第23期	94	《商场现代化》编辑部	2012

续表

论 文 名	作者	刊载杂志	页码	编辑出版单位	出版日期
扬州古民居福祠装饰艺术赏析	赵克理	《郑州轻工业学院学报（社会科学版）》2012年，第5期	109~112	郑州轻工业学院	2012
传统民居"门文化"与中国传统文化思维模式研究	贺晓燕	《华中建筑》2012年，第12期	156~158	《华中建筑》编辑部	2012
闽南传统民居的台风适应性研究	黄庄巍 许勇铁	《福建建筑》2012年，第11期	41~42	《福建建筑》编辑部	2012
城市更新中非物质文化遗产和传统民居建筑保护的适应性研究	陈媛媛	《四川建筑科学研究》2012年，第6期	279~282	《四川建筑科学研究》编辑部	2012
闽南传统建筑外围护结构隔热性能研究	许勇铁	《福建建筑》2012年，第12期	17~18	《福建建筑》编辑部	2012
闽南传统红砖民居特征与营造工法技艺解析	蒋钦全	《古建园林技术》2012年，第4期	18~20	《古建园林技术》编辑部	2012
陕西关中民间信仰与传统民居的关系研究	朱海声	《西安建筑科技大学学报（自然科学版）》2012年，第6期	849~854	西安建筑科技大学	2012
新农村居住区建设中地域文化景观研究——以徽州地域为例	陈 娟 黄 成	《攀枝花学院学报》2012年，第6期	55~57	攀枝花学院	2012
胜利街居委会和老年人日托站	祝晓峰	《新建筑》2012年，第6期	49~53	《新建筑》编辑部	2012
桂北民居元素在现代居住建筑中的应用	梁燕敏	《艺术百家》2012年，第S1期	115~116	《艺术百家》编辑部	2012
永泰嵩口古民居建筑装饰赏析	黄善勇	《艺术生活～福州大学厦门工艺美术学院学报》2012年，第5期	67~71	艺术生活～福州大学厦门工艺美术学院	2012
广西传统建筑：关于现代性转化的思考	非 亚	《广西城镇建设》2012年，第12期	34~38	《广西城镇建设》编辑部	2012
传统民居生态智慧的延续与传承	朱培凌	《南方建筑》2012年，第6期	55~58	《南方建筑》编辑部	2012
俄罗斯的防寒建筑：木刻楞	徐艳文	《中国减灾》2012年，第2期	55	《中国减灾》编辑部	2012
湖南民国楼宇民居的建筑技术——以汝城县胡凤璋故居为例	傅宏星	《湖南城市学院学报》2012年，第6期	39~44	湖南城市学院	2012
浅谈徽州民居理念在现代室内设计中的运用	夏 彬	《中华民居（下旬刊）》2012年，第6期	77	《中华民居》编辑部	2012
上海市明清民居中扁作厅大木构架模式研究	蔡 军 刘 莹	《建筑学报》2012年，第S2期	71~75	中国建筑协会	2012
2013 年					
河北蔚县传统村堡建筑特色浅析——以白后堡村为例	赵小刚 潘 莹	《中华民居（下旬刊）》2013年，第12期	126~128	《中华民居》编辑部	2013

续表

论　文　名	作者	刊载杂志	页码	编辑出版单位	出版日期
关中传统民居现代传承中的"抽象——隐喻"创作模式	李　照　徐健生	《建筑与文化》2013年，第12期	83~86	《建筑与文化》编辑部	2013
建筑性能模拟在岭南传统民居更新改造项目中的实践——案例分析之既有场地内的新建筑	梁　林　张可男　陆　琦　廖　志	《建筑学报》2013年，第S2期	38~44	中国建筑协会	2013
以气候观点分析岭南民居建筑	谢　浩	《门窗》2013年，第11期	33~35	《门窗》编辑部	2013
四川文轩职业学院传统建筑文化的现代表达	李星苇	《建筑》2013年，第24期	74	《建筑》编辑部	2013
适应气候的传统民居设计思考	丁建伟	《门窗》2012年，第12期	243	《门窗》编辑部	2013
从"乔家大院"看晋中传统大院建筑形制	陶瑞峰　卢　璐	《才智》2013年，第4期	275	《才智》编辑部	2013
新疆吐鲁番地区维吾尔族民居门饰探析	魏　娜	《现代装饰（理论）》2013年，第11期	141	《现代装饰》编辑部	2013
简明非正统建筑的现状、特征和发展——以贵州格凸河风景名胜区重点景区（洞寨）实施规划为例	胡　纹　奉　婷	《重庆建筑》2013年，第12期	20~23	《重庆建筑》编辑部	2013
民族地区危房改造与少数民族传统民居保护——以贵州省黎平县侗族为例	何　彪　康红梅	《贵州民族大学学报（哲学社会科学版）》2013年，第5期	34~40	贵州民族大学	2013
闽西汀州客家府第式民居木雕装饰艺术研究	蓝泰华	《集美大学学报（哲学社会科学版）》2013年，第4期	23~27	集美大学	2013
江南民居中的时空秩序与意境营造	杨　磊　周　越	《艺术教育》2013年，第1期	171	《艺术教育》编辑部	2013
浙江景宁畲族传统民居卷草凤凰纹装饰研究	蓝法勤	《设计艺术研究》2013年，第1期	94~99	《设计艺术研究》编辑部	2013
苏州传统建筑元素在当代古城商业街区的运用	黄胜英	《艺海》2013年，第2期	139~140	《艺海》编辑部	2013
浅谈桂林地域性中式——"桂林公馆·原乡墅"景观设计思想	何健华	《中华民居（下旬刊）》2013年，第3期	94~95	《中华民居》编辑部	2013
四川藏区城镇民居初探——以德格县更庆镇藏族传统民居为例	杨炎为　陈　颖　田　凯	《住区》2013年，第1期	106~110	《住区》编辑部	2013
清末民国时期武汉民居形式研究	潘长学　桂宗瑜	《中外建筑》2013年，第3期	46~50	《中外建筑》编辑部	2013
传统民居院落墙的探析——以萧山朱凤标故居为例	卢　群	《中外建筑》2013年，第4期	69~72	《中外建筑》编辑部	2013

续表

论 文 名	作者	刊载杂志	页码	编辑出版单位	出版日期
传统民居元素在建筑装饰中的应用——以窑洞民居建筑元素为例	侯智国	《美术大观》2013年，第2期	58	《美术大观》编辑部	2013
中国传统人居建筑的范式与典范——《中国设计全集·第1卷·建筑类编·人居篇》前言	过伟敏	《创意与设计》2013年，第1期	101~103	《创意与设计》编辑部	2013
建筑设计中中国传统文化符号的应用分析	罗仕棋	《福建建材》2013年，第2期	23~24	《福建建材》编辑部	2013
论徽州古民居的建筑与装饰风格	谢涛	《艺术百家》2013年，第2期	241~243	《艺术百家》编辑部	2013
也门萨那古城与中国平遥古城比较探究	王新中　乔胜	《中国名城》2013年，第4期	57~61	《中国名城》编辑部	2013
宜州壮族民居的建筑装饰艺术	唐姊茜	《艺海》2013年，第4期	186	《艺海》编辑部	2013
福州传统民居与当代建筑的创作探索	陈圣疆　林从华　杜峰	《华中建筑》2013年，第4期	20~22	《华中建筑》编辑部	2013
平地窑——张家口碹窑民居初探	冯华　沈宁　刘雪梅　郑伟	《门窗》2013年，第4期	354	《门窗》编辑部	2013
长汀古城客家民居建构研究	柴文婷　戴志坚	《福建建筑》2013年，第4期	41~45	《福建建筑》编辑部	2013
设计"原型"——云南丽江地域性建筑的可持续创作	徐锋　王宇舟	《新建筑》2013年，第3期	98~103	《新建筑》编辑部	2013
地域居住环境与民居建筑遗产——建筑环境艺术民居测绘与民居写生	胡月文	《艺术教育》2013年，第6期	148	《艺术教育》编辑部	2013
光伏陶瓷瓦及其施工技术	李俊兵	《中国建筑防水》2013年，第11期	37~39	《中国建筑防水》编辑部	2013
初探山西大院民居的木雕装饰艺术	要晶晶	《太原城市职业技术学院学报》2013年，第5期	179~180	太原城市职业技术学院	2013
岭南湿热气候地区传统建筑设计经验浅谈	林俊	《科技风》2013年，第9期	159	《科技风》编辑部	2013
川西传统民居门窗装饰探析	王丽飒	《科技风》2013年，第6期	200	《科技风》编辑部	2013
民居建筑坡屋面施工浅析	王永鸿	《黑龙江科技信息》2013年，第15期	266	黑龙江《科技信息》编辑部	2013
徐州户部山古民居屋顶装饰艺术	杜鹏	《中国艺术》2013年，第2期	143	《中国艺术》编辑部	2013
民族传统文化在新民居建筑风格中的传承与诠释	郝阿娜　夏柏树　路旭　关山	《小城镇建设》2013年，第5期	100~104	《小城镇建设》编辑部	2013

续表

论 文 名	作者	刊载杂志	页码	编辑出版单位	出版日期
传统民居生态设计的影响因素	胡林燕	《城市建筑》2013年，第2期	34~39	《城市建筑》编辑部	2013
乡村新邻里单元探索——灵泉村新民居设计	余德林	《城市建筑》2013年，第2期	37~39	《城市建筑》编辑部	2013
从伦理到营造——基于传统伦理观的三峡民居美学研究	张睿智 汪笑楠	《设计艺术研究》2013年，第3期	28~33	《设计艺术研究》编辑部	2013
新疆土坯民居研究的现实价值	马立广	《黑龙江史志》2013年，第9期	208~209	《黑龙江史志》编辑部	2013
苏州市佛寺中殿堂地盘定分特征探析	张柱庆 蔡 军	《华中建筑》2013年，第5期	156~159	《华中建筑》编辑部	2013
孙万心与宣恩特色民居建设	汪盛华	《民族大家庭》2013年，第3期	42~43	《民族大家庭》编辑部	2013
民居瑰宝—福建南靖土楼建筑美学特征及保护	侯挺宇	《牡丹江教育学院学报》2013年，第3期	165~166	牡丹江教育学院	2013
传统民居生态设计理念与现代零能耗低成本太阳能住宅——以2010太阳能十项全能竞赛中国参赛作品为例	尹宝泉 王一平 崔 勇 朱 丽	《土木建筑与环境工程》2013年，第S1期	158~161	《土木建筑与环境工程》编辑部	2013
江南民居：张石铭故宅	远 征	《上海房地》2013年，第7期	59	《上海房地》编辑部	2013
浅谈中国传统室内设计	姜健涛	《才智》2013年，第13期	222	《才智》编辑部	2013
基于传统和谐观的三峡民居美学研究	张睿智	《理论月刊》2013年，第7期	135~138	《理论月刊》编辑部	2013
越地古镇的传统水乡风貌及其保护更新策略——以绍兴东浦镇为例	惠国夫 刘官海 陈 越	《绍兴文理学院学报（自然科学）》2013年，第2期	73~76	绍兴文理学院	2013
湖南省建筑师学会沙龙系列 湖南省建筑师学会6月学术活动——湘南民居考察之旅	曹 峰	《中外建筑》2013年，第8期	14~15	《中外建筑》编辑部	2013
传统山地建筑的生态价值评析——以滇南彝族土掌房为例	唐 毅	《中南林业科技大学学报（社会科学版）》2013年，第3期	27~29	中南林业科技大学	2013
在风中守望我们的精神家园——我国中原地区民居建筑文化的研究与保护	杨 辰 韩国微	《艺术与设计（理论）》2013年，第5期	82~84	《艺术与设计》编辑部	2013
湘西石雕传统工艺在现代家居室内装饰设计中的应用	王晴晴	《艺术与设计（理论）》2013年，第5期	94~96	《艺术与设计》编辑部	2013
大理古城建筑中的窗	杨 梅	《中国建筑金属结构》2013年，第13期	70~71	《中国建筑金属结构》编辑部	2013
"九"在中国传统建筑文化中的重要作用	周 媛	《辽宁广播电视大学学报》2013年，第2期	85~86	辽宁广播电视大学	2013

续表

论 文 名	作者	刊载杂志	页码	编辑出版单位	出版日期
山西传统建筑空间秩序与音乐符号化表现——环境艺术色彩教学研究	张汉军	《美术教育研究》2013年，第14期	92~93	《美术教育研究》编辑部	2013
云南传统民居更新中墙体的节能设计	杨秋鸣	《太原城市职业技术学院学报》2013年，第6期	174~176	太原城市职业技术学院	2013
关中传统建筑形式的继承与发展——楼观印象酒店设计方案	钱文韬	《福建建筑》2013年，第7期	19~22	《福建建筑》编辑部	2013
在村庄规划中保留村庄特色——以三门县海游镇下岙周村为例	潘 亮	《中华建设》2013年，第5期	106~107	《中华建设》编辑部	2013
民居建筑坡屋面施工浅析	陈启蒙	《黑龙江科技信息》2013年，第19期	252	黑龙江《科技信息》编辑部	2013
探讨现代民居建筑如何利用好传统通风方法	于 雯	《中华民居（下旬刊）》2013年，第5期	37~38	《中华民居》编辑部	2013
在"传统"与"现代"中穿行——传统民居的生态实践与可持续发展	张玉明 王文娴	《中华民居（下旬刊）》2013年，第8期		《中华民居》编辑部	2013
辽西民居建筑屋顶对现代住宅设计的启示	冯 巍 李慧敏	《住宅科技》2013年，第6期	13~15	《住宅科技》编辑部	2013
台湾闽南传统建筑文化意涵及其转型问题之研究——以三合院为例	刘焕云	《闽台文化研究》2013年，第1期	101~109	《闽台文化研究》编辑部	2013
传统本质新探——体味徽州建筑的风土精髓	程 思	《安徽建筑》2013年，第3期	63~64	《安徽建筑》编辑部	2013
衢州传统空间延续的规划策略	温天蓉	《城乡建设》2013年，第8期	41~43	《城乡建设》编辑部	2013
潮汕传统民居石雕装饰的造型特征	张跃中 马夏妍	《大众文艺》2013年，第9期	127~128	《大众文艺》编辑部	2013
浅析秭归县凤凰山古民居群山墙装饰艺术	王 颖 董可木	《赤峰学院学报（自然科学版）》2013年，第16期	116~118	赤峰学院	2013
传统民居建筑的保护与开发	丁 雪	《绿色科技》2013年，第5期	114~115	《绿色科技》编辑部	2013
"只缘身在此山中"——苏州博物馆的"形""色""意"	臧 勇 钱 珏 汤洪泉	《美术研究》2013年，第3期	108~111	《美术研究》编辑部	2013
浙东鹿亭乡古村落建筑特色初探	李 燕	《华中建筑》2013年，第9期	178~181	《华中建筑》编辑部	2013
东阳古民居中的室内木雕装饰部件分析	许海峰 张伟孝	《大众文艺》2013年，第17期	81~82	《大众文艺》编辑部	2013
"牌科"小议	雍振华	《古建园林技术》2013年，第1期	54~58	《古建园林技术》编辑部	2013

续表

论文名	作者	刊载杂志	页码	编辑出版单位	出版日期
聂耳故居	陈泰敏	《玉溪师范学院学报》2013年，第6期	71	玉溪师范学院	2013
客家围屋中的建筑文脉研究	刘思思 余磊	《住宅科技》2013年，第10期	16~18	《住宅科技》编辑部	2013
石材在闽南传统建筑中的运用——以惠安石构民居为例	潘乐思	《中外建筑》2013年，第13期	101~103	《中外建筑》编辑部	2013
旧貌展新颜——青瓦装饰艺术在现代商业空间中的应用	李锋	《艺术与设计（理论）》2013年，第11期	63~65	《艺术与设计》编辑部	2013
白族传统民居探讨——以云南沙溪古镇为例	胡瑾 曹欣 张林	《科技视界》2013年，第27期	126	《科技视界》编辑部	2013
历史·现状·趋势——河内管式住宅探析	陈秋荷 Tran Thu Ha	《现代装饰（理论）》2013年，第9期	23~25	《现代装饰》编辑部	2013
传统建筑与环境的互塑共生性研究	邓晓姣 万鑫悦	《现代装饰（理论）》2013年，第8期	157	《现代装饰》编辑部	2013
中式建筑装饰的在历史长河中的演绎	庞岳岳	《现代装饰（理论）》2013年，第10期	31	《现代装饰》编辑部	2013
福建土堡非物质遗产的保护	黄惠颖	《福建建筑》2013年，第10期	30~32	《福建建筑》编辑部	2013
闽台传统民居建筑的气候适用性探究	李炜 张智强 郭颖	《福建建筑》2013年，第10期	50~52	《福建建筑》编辑部	2013
中国徽派建筑与韩国传统居住建筑文化及形态的分析研究	吴彦博 何平 朱楠楠	《安徽建筑工业学院学报（自然科学版）》2013年，第4期	71~75	《安徽建筑》工业学院	2013
满洲窗：中西文化融合的岭南传统建筑装饰元素	韩放	《广州大学学报（社会科学版）》2013年，第9期	92~97	广州大学	2013
亚热带传统民居生态节能技术探析	冒亚龙 何镜堂	《工业建筑》2013年，第10期	38~41	《工业建筑》编辑部	2013
中国传统建筑的组构图解——空间句法动线网络分析	王松 王伯伟	《建筑师》2013年，第2期	84~90	《建筑师》编辑部	2013
关于景德镇古村落、古民居保护、开发问题的思考——以沧溪村为例（二）	胡铂	《景德镇高专学报》2013年，第5期	28~29	景德镇学院	2013
传统民居建筑对当今设计的几点启示	罗畅	《艺术科技》2013年，第5期	128	《艺术科技》编辑部	2012
传统山地建筑的生态价值评析——以滇南彝族土掌房为例	唐毅	《中南林业科技大学学报（社会科学版）》2013年，第3期	27~29	中南林业科技大学	2013

论 文 名	作者	刊载杂志	页码	编辑出版单位	出版日期
传统民居建筑的保护与发展	武怡静	《中国—东盟博览》2013年，第11期	375	《中国—东盟博览》编辑部	2013
大理白族民居建筑的构成形式美	张琳玉 王东焱	《山西建筑》2013年，第34期	15~16	《山西建筑》编辑部	2013

5.2.4　民居论文（英文期刊）目录（2011—2013）

胡　辞

论文名	作者	刊载杂志	页码	编辑出版单位	出版日期
2011					
Structure and Construction Pattern of Folk Dwellings of the Dai Nationality in Guanchun Village of Dehong Prefecture，Yunnan Province	Li Shuting, Li Zhiming, Zhou Kun	Journal of Landscape Research,vol.7	42~44	Journal of Landscape Research, Editorial department	2011
Kampung Laut's Old Mosque in Malaysia: Its Influence from Chinese Building Construction	Ahmad Sanusi Hassan	International Transaction Journal of Engineering, Management, & Applied Sciences & Technologies,vol.1	27	International Transaction Journal of Engineering, Management, & Applied Sciences & Technologies, Editorial department	2011
The Sacred Nountain in Social Context. Symbolism and History in Maya Architecture: Temple 22 at Copan, Honduras	Jennifer von Schwerin	Ancient Mesoamerica,vol.2	271~300	Ancient Mesoamerica, Editorial department	2011
Life Cycle Assessment of Timber Components in Taiwan Traditional Temples	S. Y. Yeo,M. F. Hsu, W. S. Chang,J. L. Chen	Procedia Engineering	2683~2691	Procedia Engineering, Editorial department	2011
Comparative reliability of two 24-story braced buildings: traditional versus innovative	Marco Montil, Amador Teran Gilmore	Struct. Design Tall Spec. Build., Vol.8		Montiel, Marco Gilmore, Amador Teran, Editorial department	2011
The Role of Traditional Know-how in Sustaining Urban Environments: the Casbah of Algiers in Algeria	Drioueche Nadjiba , Naima Chabbi-Chemrouk	Procedia Engineering	1132~1135	Procedia Engineering, Editorial department	2011

续表

论文名	作者	刊载杂志	页码	编辑出版单位	出版日期
Investigations on Earthquake Damages of Trajumas Hall in the Sultan's Palace Yogyakarta	Revianto B Santosa, Yulianto P Prihatmaji	Procedia Engineering	2692~2698	Procedia Engineering, Editorial department	2011
Inheritance and Development of cultures of Traditional Vernacular Dwellings in the Townscape Renovation Project of Guangxi, China	Xu Huining; Li Yun	Journal of Landscape Research,vol.8	37~41	Journal of Landscape Research, Editorial department	2011
An Investigation of Historical Structures in Iranian Ancient Architecture	Taghizadeh Katayoun,	Architecture Research,vol.1	7	Architecture Research, Editorial department	2011
Research the Traditional Building Materials in Restoration of Huishan Ancient Town	Feng Zhuyun	Applied Mechanics and Materials,vol.71	786~789	Applied Mechanics and Materials,Editorial department	2011
The National Local Buildings towards "4R" –The Development of the Traditional Building System in Baotou Inner Mongolia	Yun Xue	Advanced Materials Research, vol.243	6443~6448	Advanced Materials Research, Editorial department	2011
Towards Affordability: Maximising Use Value in Low–Income Housing	Dina Shehayeb, Peter Kellett	Open House International, vol.36, Issue 3	85~96	Open House International, Editorial department	2011
Which Is Better, Social Houses or Gecekondus? An Empirical Study on Izmir's Residents	Ebru Cubukcu	Open House International, vol.36, Issue 3	97~107	Open House International, Editorial department	2011
Squatter Housing As a Model For Affordable Housing in Developing Countries	Elmira Gur, Yurdanur Dulgeroglu Yuksel	Open House International, vol.36, Issue 3	119~129	Open House International, Editorial department	2011
The Tendency of "Open Building" Concept on the Post–Industrial Context	Jiang Yingying, Jia Beisi	Open House International, vol.36, Issue 1	6~15	Open House International, Editorial department	2011
The Open and Adaptive Tradition: Applying the Concepts of Open Building and Multi–Purpose Design in Traditional Chinese Vernacular Architecture.	Gangyi Tan	Journal of Asian Architecture and Building Engineering. vol.10 no.1	7~14	Journal of Asian Architecture and Building Engineering（亚洲建筑学刊，SCI&AHCI 检索）	May 2011
Modeling of Lifetime Performance in Building: A Probabilistic Deliberation Towards Conservation	Peter C. F. Bekker	International Journal of Architectural Heritage, vol.5	395~411	International Journal of Architectural Heritage, Editorial department	2011
Barracas on the Mediterranean Coast	Juan A. Garcia–Esparza	International Journal of Architectural Heritage, vol.5, Issue 1	27~47	International Journal of Architectural Heritage, Editorial department	2011

续表

论文名	作者	刊载杂志	页码	编辑出版单位	出版日期
2012					
From traditional building to modern architecture a study on sustainable development of architecture engineering	Singapore, MSIT International Conference On H.Pang, X.He	Advanced Materials Research	1377~1379	Advanced Materials Research, Editorial department	2012
From Traditional Building to Modern Architecture a Study on Sustainable Development of Architecture Engineering	Pang Hui,He Xiaomin	Advanced Materials Research	1377~1379	Advanced Materials Research, Editorial department	2012
Cultural Continuity of the Traditional Elements in Architecture	Rui Zhangxiao	Advanced Materials Research, Vol. 368	2993~2996	Advanced Materials Research, Editorial department	2012
Properties Analysis of Seaweed as a Traditional Building Material	Yang Jun	Advanced Materials Research, vol.450	154~157	Advanced Materials Research, Editorial department	2012
Research on Traditional Stone Buildings in West Hunan Rural Areas	Fang Zhongming	Advanced Materials Research,vol.450	218~222	Advanced Materials Research, Editorial department	2012
Applied Research on Wood Epidermal Interface of Cultural Building	Gao Bo, Gao Jie, Li Min, ZhaoJuan	Applied Mechanics and Materials,vol.174	314~317	Applied Mechanics and Materials,Editorial department	2012
Existing Condition Analysis and Countermeasures of Huizhou Traditional Architecture Construction	Sun Qiang, Guan CongCong,	Applied Mechanics and Materials,vol.209	18~22	Applied Mechanics and Materials,Editorial department	2012
Research on Environment Adaptability of Traditional Town Houses in Changsha	Zheng Jin, Liu Su,	Applied Mechanics and Materials,vol.209	173~177	Applied Mechanics and Materials,Editorial department	2012
Renewal and Development of Vernacular Construction Material and Residence in West China	Li Junhuan,Liu Na,	Advanced Materials Research,vol.450	1567~1572	Advanced Materials Research, Editorial department	2012
Research on New Folk Houses with Regional Characteristics and Earth Material	Wang He,Li Liping	Advanced Materials Research,vol.424	977~980	Advanced Materials Research, Editorial department	2012
Inheritance and Innovation of Ecological Materials from Traditional Buildings in Zhejiang, China	Hu Xuanang, Ge Jian, Jia Dianxin,Zhu Yan,	Advanced Materials Research,vol.461	414~417	Advanced Materials Research, Editorial department	2012
AIA KNOWLEDGE	Elizabeth Milnarik	EN,vol.3		EN, Editorial department	2012
Shaking table tests of Chinese traditional wood building and light wood framed building	Wang Haidong, Shang Shouping, He Fanglong, Huang Shu, Deng Tao,Liu Dongbai,	Jianzhu Jiegou Xuebao/Journal of Building Structures,vol.6	138~143	Journal of Building Structures, Editorial department	2012

续表

论文名	作者	刊载杂志	页码	编辑出版单位	出版日期
Modernization and Cultural Transformation: The Expansion of Traditional Batak Toba House in Huta Siallagan	Himasari Hanan	Procedia – Social and Behavioral Sciences	800~811	Procedia – Social and Behavioral Sciences, Editorial department	2012
Traditional Building Materials and Application in the Modern Church Architecture of Northern Shannxi	Wang Shupei SongShan Liao Xiaoli	Advanced Materials Research,vol.598	303~309	Advanced Materials Research, Editorial department	2012
Design Strategies for Houses Subject to Heat waves	Helen Bennetts, Stephen Pullen, George Zillante	Open House International, vol.37, Issue 4	29~38	Open House International, Editorial department	2012
Environments of Change an Open Building Approach Towards a Design Solution For an Informal Settlement in Mamelodi, South Africa	Donovan Gottsmann, Amira Osman	Open House International, vol.37, Issue 1	71~82	Open House International, Editorial department	2012
A cultural urban transformation: apartment building construction and domestic space for the upper classes in 1930s Buenos Aires	Rosa Aboy	Planning Perspectives, Vol.27, Issue 1	25~49	Planning Perspectives, Editorial department	2012
Remodelling of the Vernacular in Bukchon Hanoks	Jieheerah Yun	Open House International, vol.37, Issue 1	71~82	Open House International, Editorial department	2012
2013					
Sustainable restoration of traditional building systems in the historical centre of Sevilla (Spain)	F Perez Galvez, P Rubio De Hita, M Ordonez Martin, M J Morales Conde, C Rodriguez Linan	Energy & Buildings	648~659	Energy & Buildings, Editorial department	2013
Modern and Traditional Smart Improvements of the Traditional Tibetan Architectural Materials and Security	Cao Yonghua, Huang Chuan Zhi	Applied Mechanics and Materials,vol.353	2817~2821	Applied Mechanics and Materials,Editorial department	2013
Analysis of Different Building Materials Used in Heritage Protected Areas in North China	Tang Hao, Xu YanYan	Applied Mechanics and Materials,vol.357	26~32	Applied Mechanics and Materials,Editorial department	2013
The Construction Strategy Analysis of the Traditional Building Settlement on the Bonan	Tang,Hao, Xu YanYan	Applied Mechanics and Materials	407~414	Applied Mechanics and Materials,Editorial department	2013
Research on the Ecological Characteristics and Transformation of Traditional Cave Dwelling in Central Part of Shanxi Province – Taking Hougou Village, Yuci as an Example	Lamberto Tronchin	Advanced Materials Research,vol.689	439~443	Advanced Materials Research, Editorial department	2013

论文名	作者	刊载杂志	页码	编辑出版单位	出版日期
Renovation of Urban Green Space Based on Regeneration of Historical Place—A Case Study of Jianqiao Historical Block in Hangzhou	Du Ming, Zhang Yun	Journal of Landscape Research,vol.6	7~10	Journal of Landscape Research, Editorial department	2013
Evolution in the use of natural building stone in Madrid, Spain	Rafael Fort, Monica Alvarez De Buergo , Elena M Perez-Monserrat, Miguel Gomez-Heras, M Jose Varas-Muriel, David M Freire,	Quarterly Journal of Engineering Geology and Hydrogeology,vol.4	421~429	Quarterly Journal of Engineering Geology and Hydrogeology,Editorial department	2013
The Improvement for Thermal Insulation Properties of Traditional Residential Building Envelope in the North Region of Shanxi Province	Lamberto Tronchin	Advanced Materials Research,vol.689	100~104	Advanced Materials Research, Editorial department	2013
Buddhist Impact on Chinese Culture	Guang Xing	Asian Philosophy, Vol.4	305~322	Asian Philosophy, Editorial department	2013
Research on the modification of two traditional building materials in ancient China	Li Zuixiong, Zhao Linyi, Li Li,WangJinua,	Heritage Science	27	Heritage Science, Editorial department	2013
Building On A Swedish Tradition	Craig Lemma, Scott Lichty	Engineered Systems, vol.5	36,38~39	Engineered Systems, Editorial department	2013
Preserving Minangkabau Traditional Building in West Sumatera, Indonesia: Integration of Information Technology	Noviarti, Ranti Irsa , Astuti Masdar	Procedia Environmental Sciences		Procedia Environmental Sciences, Editorial department	2013
Circulation and Open Space in Affordable Townhouse Communities	Avi Friedman	Open House International, vol.38, Issue 2	6~15	Open House International, Editorial department	2013
Lessons From Vietnamese Urban Street Houses for Contemporary High-Rise Housing	Le Thi Hong Na, Park Jin-Ho, Cho Minjung	Open House International, vol.38, Issue 2	31~46	Open House International, Editorial department	2013
Redefining Vernacular: the Lebanese Diaspora Eclecticism	Stephanie Dadour	Open House International, vol.38, Issue 2	88~95	Open House International, Editorial department	2013
Between Material Sensuousness and Thingness: the Significance of the Structural Glass in Kengo Kuma's Water/Glass House from the Perspective of Phenomenology	Jin Baek	Journal of Asian Architecture and Building Engineering, vol.12, Issue 1	1~7	Journal of Asian Architecture and Building Engineering, Editorial department	2013

续表

论文名	作者	刊载杂志	页码	编辑出版单位	出版日期
Suburban Residence of Black Caribbean and Black African Immigrants: A Test of the Spatial Assimilation Model	Argeros, Grigoris	City & Community, vol.12, Issue 4	361~379	City & Community, Editorial department	2013
Transforming South Africa's low-income housing projects through backyard dwellings: intersections with households and the state in Alexandra, Johannesburg	Yasmin Shapurjee, Sarah Charlton	Journal of Housing and the Built Environment, vol.28, Issue 4	653~666	Journal of Housing and the Built Environment, Editorial department	2013
Urban Form and Residential Energy Use: A Review of Design Principles and Research Findings	Ko Yekang	Journal of Planning Literature, vol.28, Issue 4	327~351	Journal of Planning Literature, Editorial department	2013
The Effect of EU-Legislation on Rental Systems in Sweden and the Netherlands	Marja Elsinga, Hans Lind	Housing Studies, vol.28, Issue 7	960~970	Housing Studies, Editorial department	2013
Are accessibility and characteristics of public open spaces associated with a better cardiometabolic health?	Catherine Paquet, Thomas P. Orschulok, Neil T. Coffee	Landscape and Urban Planning, vol.118	70~78	Landscape and Urban Planning, Editorial department	2013
House Price Diffusion: An Application of Spectral Analysis to the Prices of Irish Second-Hand Dwellings	David Gray	Housing Studies, vol.28, Issue 6	869~890	Housing Studies, Editorial department	2013
Slums in developing countries: New evidence for Indonesia	Jan K. Brueckner	Journal of Housing Economics, vol.22, Issue 4	278~290	Journal of Housing Economics, Editorial department	2013
Subjective life satisfaction in public housing in urban areas of Ogun State, Nigeria	Eziyi O. Ibem, Dolapo Amole	Cities, vol.35, SI	51~61	Cities, Editorial department	2013
Between the Individual and the Community: Residential Patterns of the Haredi Population in Jerusalem	Nurit Alfasi, Shlomit Flint Ashery, Itzhak Benenson	International Journal of Urban and Regional Research, vol.37, Issue 6	2152~2176	International Journal of Urban and Regional Research, Editorial department	2013
The Relation of Dwelling Structure and Dwelling Density in Australian Cities	Rachael Fitzpatrick, David Wadley	Urban Policy and Research, vol.31, Issue 3	343~366	Urban Policy and Research, Editorial department	2013
Is there an S in urban housing supply? or What on earth happened in Detroit?	Allen C. Goodman	Journal of Housing Economics, vol. 22, Issue 3	179~191	Journal of Housing Economics, Editorial department	2013
Dissections: An Instrospection in Talca's Housing	Jose Luis Uribe, Luis Felipe Horta	Revista, vol. 180, Issue 31	22~27	Revista, Editorial department	2013
Owner-Driven Suburban Renewal: Motivations, Risks and Strategies in "Knockdown and Rebuild: Processes in Sydney, Australia"	Ilan Wiesel, Robert Freestone, Bill Randolph	Housing Studies, vol. 180, Issue 31	701~719	Housing Studies, Editorial department	2013
Dwelling with Architecture	Alastair Hall	Arq-Architectural Research Quarterly	188~190	Arq-Architectural Research Quarterly, Editorial department	2013

5.3 中国民居学术会议论文集目录索引（内容见光盘）

民居建筑与学术委员会

5.3.1 第十九届中国民居学术会议（2012广西南宁）论文集

第十九届中国民居学术会议论文集（上）

第十九届中国民居学术会议论文集（下）

5.3.2 第九届海峡两岸传统民居学术研讨会（2011 福州）论文集

传统民居与居住文化

传统聚落与当代社区

5.3.3 中国建筑研究室 60 周年纪念暨第十届传统民居理论国际学术研讨会会议论文集

中国建筑研究室 60 周年纪念暨第十届传统民居理论国际学术研讨会会议论文集（上）

史学史暨中国建筑研究室 60 年回顾与展望

非地域化的地域性

中国建筑研究室60周年纪念暨第十届传统民居理论国际学术研讨会会议论文集（下）

民居与建筑创作

民居遗产保护的问题与策略

后 记

    《中国民居建筑年鉴（2010—2013）》第三辑在民居建筑专业和学术委员会委员、会员的支持下终于编成出版，它是三年多来广大会员、委员、专家、青年学者民居建筑研究成果的反映和汇总。

    编辑本年鉴中，我们要感谢历届民居学术会议的主持单位、主持人给我们寄来了会议的论文资料和会议彩照。我们还要感谢华中科技大学建筑学院陈茹、胡辞在教学科研百忙之余投入大量的时间和精力，为中国民居村镇与文化的论著搜集和编辑目录索引，他们的辛勤努力对我们民居建筑研究有着十分重要的作用。我们还要感谢华南理工大学建筑学院民居建筑研究所高海峰、韦美媛为民居年鉴资料作出的努力。

    此外，我们特别感谢中国建筑工业出版社领导和有关编辑部门、编辑人员对弘扬我国优秀传统文化的重视，为本辑年鉴及时编印出版付出了辛勤的劳动，我们都铭记在心，并表示衷心和诚挚的感谢。

编者

2014 年 3 月